·写给孩子的·

宇宙简史

静 远 编著

江西美术出版社
全国百佳出版单位

图书在版编目（CIP）数据

写给孩子的宇宙简史 / 静远编著 . -- 南昌 : 江西美术出版社 , 2021.12
ISBN 978-7-5480-8396-2

Ⅰ. ①写… Ⅱ. ①静… Ⅲ. ①宇宙 – 青少年读物
Ⅳ. ① P159-49

中国版本图书馆 CIP 数据核字（2021）第 134301 号

出 品 人：周建森
企　　划：北京江美长风文化传播有限公司
责任编辑：楚天顺　朱鲁巍　　策划编辑：朱鲁巍
责任印制：谭　勋　　封面设计：韩　立

写给孩子的宇宙简史
XIE GEI HAIZI DE YUZHOU JIANSHI
静　远　编著

出　　版：江西美术出版社
地　　址：江西省南昌市子安路 66 号
网　　址：www.jxfinearts.com
电子信箱：jxms163@163.com
电　　话：010-82093785　　0791-86566274
发　　行：010-58815874
邮　　编：330025
经　　销：全国新华书店
印　　刷：北京市松源印刷有限公司
版　　次：2021 年 12 月第 1 版
印　　次：2021 年 12 月第 1 次印刷
开　　本：880mm × 1230mm　1/32
印　　张：4
ISBN 978-7-5480-8396-2
定　　价：29.80 元

几千年来，世界各地的人们一直在观测天空并尝试了解宇宙。哲学家们对宇宙的形状展开了丰富的想象，认为它可能是圆的、无边际的，也可能是很小的或者无穷大的。为了检验哲学家们的想象，数学家和物理学家们推导出了许多的公式，天文学家们也在不断改良观测宇宙的工具。经过长时间的努力，宇宙的图景变得很清晰。

那么，“宇宙”这个词到底意味着什么？宇宙究竟从何起源？真的起源于100多亿年前的大爆炸吗？宇宙有边界吗？我们赖以生存的星系，是不是无垠宇宙中的偶然？除了人类，宇宙中有外星人吗？……浩瀚的宇宙中包含了太多的未解之谜，跟我们一起踏上美妙的时空之旅，去探索古代、现代及未来的宇宙奥秘吧！

这是一本通俗易懂、引人入胜而又让人受益无穷的科普通识读物，深入探究了整个宇宙、银河系、太阳系、行星等的形成过程，介绍了现今世界各国对于宇宙的探索活动与不同的探索方式，帮助孩子从多角度、多方面了解宇宙。不仅有助于拓展孩子的视野，完善思维模式，还有助于他们养成面对宇宙万物时的敬畏之心，对他们的未来发展有积极的引导作用。

本书为孩子了解宇宙打开神秘的一角，使用了大量珍贵的精美图片，把科学严谨的知识学习植入一个个恰到好处的美妙场景中，同时以时间轴的方式，直观地展示了宇宙史上的重大发展节点，引领孩子探索宇宙的秘密，从小对科学产生浓厚的兴趣，培养探究问题的习惯。

翻开这本书，让孩子带着好奇心，开始一段不可思议的宇宙探索之旅，走向星辰大海，思考人与自然、宇宙的关系，体悟人类的渺小与伟大。当他们再次仰望星空时，对宇宙会增添一种亲切之情。

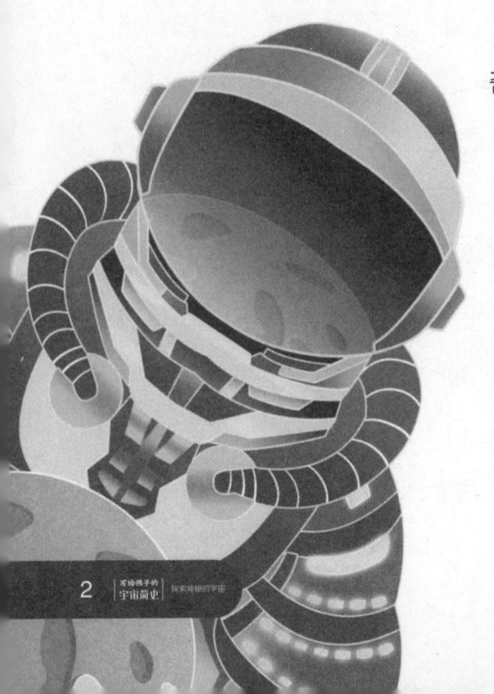

一 宇宙从哪里来

1 大爆炸的自然史 2
2 暴涨的宇宙 6
3 婴儿期的宇宙 10
4 宇宙的成分 14
5 结构的初始 18

二 星系的演变

1 星系的形成 22
2 星系的分类 26
3 星系的结构 30
4 星系团和巨洞 34
5 相互作用中的星系 38
6 银河系：我们的家园 41

三　认识恒星

1 恒星的诞生 46
2 太阳 50
3 超新星 54
4 中子星和脉冲星 58
5 黑洞 62
6 深空爆炸 65

四　太阳家族

1 行星及其轨道 70
2 地球和月球 74
3 内行星 78
4 火星上有生命吗 82
5 遥远的伙伴 86
6 小行星 90
7 彗星 93

五　宇宙的未来

1 开放、平坦还是闭合 96
2 加速中的宇宙 99
3 未来的归宿 102
4 地外生命 106
5 星际旅行 109
6 人类和宇宙 112

时间轴

中国天文学家进行最早的天文观测（公元前 2300 年）。

古希腊的阿利斯塔克提出太阳是太阳系的中心（公元前 3 世纪）。

古埃及天文学家托勒密发展出主宰整个中世纪天文学的地心说理论（2 世纪）。

波兰天文学家尼古拉斯·哥白尼在他的《天体运行论》这一巨著中重新提出阿利斯塔克的观点（1543 年）。

1608 年，荷兰眼镜商汉斯·李伯希发明望远镜。1609 年，伽利略通过使用望远镜观测证实了哥白尼提出的理论。

宇宙论

发现

技术与设备

射电天文学

原子物理

公元元年

1500

1600

埃拉托色尼计算了地球的周长，得到与现今测量值十分接近的结果（公元前 230 年）。

丹麦天文学家第谷·布拉赫观测到天后座的新恒星，并在汶岛建立了一个天文台（1572 年）。

古巴比伦祭司作了他们最早的天文观测记录（公元前 2000 年）。

英国天文学家爱德蒙·哈雷预测一颗 1682 年经过地球的彗星将在 1758 年再次经过地球（1705 年）。

德裔天文学家威廉·赫歇尔发现天王星（1781 年）。

德国天文学家和数学家约翰尼斯·开普勒公开发表开普勒行星运动三定律的前两个定律（第三个定律在1619年被提出）（1609 年）。

威廉·赫歇尔给出关于地球所处的星系形状最早的准确描述（1786 年）。

法国数学家和天文学家皮埃尔·拉普拉斯详尽地阐述了他自己关于太阳系起源的理论（1796 年）。

宇宙论

发现

技术与设备

射电天文学

原子物理

1700

丹麦人奥劳司·罗伊默测量了光速（1675 年）。

威廉·赫歇尔制造了一个直径 1.3 米的反射式望远镜，用以观测行星和恒星（1787 年）。

英国科学家艾萨克·牛顿制作了第一架反射式望远镜（1668 年）。

德国数学家和天文学家弗里德里希·贝塞尔测量出地球到达天鹅座 61 的距离约为 1.02×10^{14} 千米（1838 年）。

阿尔伯特·爱因斯坦提出广义相对论，描述了物质是怎样通过扭曲时空产生引力作用的（1916 年）。

射电天文学家预测了一条 21 厘米的氢气光谱线的存在，引发了对银河系中氢气云的研究（1944 年）。

美国天文学家爱德华·巴纳德拍摄了银河的第一张照片（1889 年）。

意大利人朱塞普·皮亚齐发现第一颗小行星——谷神星（1801 年）。

“月球 2 号”空间探测器成为第一个撞击月球的人造物体，“月球 3 号”拍摄了从未在地球上观测到的月球背面照片（1959 年）。

阿尔伯特·爱因斯坦提出了狭义相对论，论证了物质与能量的可转换性（1905 年）。

1900

1950

英国物理学家约瑟夫·约翰·汤姆生发现电子（1897 年）。

电子的反粒子——正电子被美国物理学家卡尔·安德森发现（1933 年）。

第一次接收到从木星发射出来的无线电波（1955 年）。

德国光学家和物理学家约瑟夫·冯·夫琅和费首先对太阳光谱中的吸收线进行了研究（1814 年）。

美国第一次用雷达探测月球（1946 年）。

丹麦天文学家埃希纳·赫茨普隆将恒星划分为巨星和矮星，导致了赫罗图的出现，恒星演化的研究发生了革命性变化（1908 年）。

哈雷彗星返回太阳系，并与欧洲空间探测器“乔托号”相遇。该探测器从距离哈雷彗星彗核600千米处掠过（1986年）。

美国天文卫星COBE探测到大爆炸残余辐射“涟漪”，这标志了星系形成的第一个阶段（1992年）。

在天蝎座探测到第一个X射线源（1962年）。

两个国际天文学家小组发现宇宙正处于加速中（1997年）。

宇宙论

发现

技术与设备

射电天文学

原子物理

1975

欧洲粒子研究中心的实验证实了新的基本粒子的存在，它们都是由两个夸克和两个轻子构成的（1991年）。

美国制探测器“水手4号”第一个到达火星，并拍摄了火星表面陨坑的照片（1964年）。

射电天文学家发现第一种星际分子——活性羟基（1963年）。

发射了一颗使用掠入射技术的X射线望远镜卫星——爱因斯坦X射线观测台（1978年）。

一

宇宙从哪里来

1 大爆炸的自然史

天文学家们相信，宇宙及其内部的物质和空间，都是在大爆炸以及大爆炸后极短的一瞬这个关键过程中产生的——那时的温度要远高于现在的宇宙的温度。

人们常常问到，大爆炸之前存在着什么？宇宙最终会膨胀成什么样子？然而“大爆炸之前”这个概念几乎是没有意义的，因为时间本身是在大爆炸之后产生的。如果空间就如时间一样，是在大爆炸中产生的，而且如果空间本身就处在膨胀中，那它并不需要膨胀形成任何东西。

宇宙从产生的那一刻开始就处在不断演化中，而理论物理学家和宇宙学家已经给出了关于这些事件可能次序的描述，这也就是我们所知的宇宙的形成过程。

在最开始的一段时间，空间和时间仍在形成中，自然力组成了一种单一的、原始的超力。这就是我们所说的普朗克时间，它的细节可能永远无法被解释，因为物理定律仍在定义中。

到了第 10^{-35} 秒时，空间已经膨胀到足以使温度降到 10^{27}K 的程度，由具有极端能量的光子携带。引力已经成为一种分离的力，大统一理论（GUT）力这时分离为强核力和弱电作用，伴随着夸克、轻子及它们的反物质的迅速产生。这个过程在宇宙恢复它原先的膨胀速率前，经历了一个短暂却十分剧烈的膨胀阶段（持续了 10^{-32} 秒）。

在第 10^{-12} 秒时，弱电作用分裂成电磁力和弱核力，于是所有的四种自然力现在都被分离和区分开来。宇宙里的粒子及其反粒子处在了稳定地形成与湮灭的状态，轻子分离成了中微子与电子。夸克依然独立存在，因为宇宙当时的温度阻碍了它们结合形成更重的粒子。

到第 10^{-6} 秒时，夸克两个或三个一组结合了起来，形成了介子和重子（包括质子和中子）——因为在那个时刻夸克无法独立存在。它们的反粒子也发生了同样的情况，并且在那以后与物质发生湮灭，但是极少数的残余（每10亿个里有1个粒子）被遗留了下来，继续形成现今宇宙中的所有物质。在这个过程中也产生了大量的光子。

第1秒结束时，温度已经降到了 10^{10}K；5秒以后，中微子与反中微子不再与其他形式的物质发生相互作用。第10秒后，质子与中子开始结合形成氘核。

在第1到第5分钟之间，强核力发挥主导作用，使中子和质子结合在一起形成氦核，并阻止中子衰变为质子和电子。宇宙中的氢和氦的比例就是这个时候确定下来的。这时的能级依旧很高，使得原子完全离子化，并且以原子核的形式存在于电子的海洋。

大爆炸大约30万年后，温度下降到了足够低的程度——约为3000K，电磁力使得电子被原子核所捕获。随着空间不再由自由电子的海洋所充斥，光子终于可以第一次在不与物质相互作用的情况下行进很长的距离——宇宙变得透明起来。在这个被称作物质与能量去耦的时期，宇宙背景辐射被释放了出来。随着包含在宇宙中的物质上的辐射压的移除，原子开始受到引力的控制并集结形成巨大的云团，宇宙的大尺度结构开始演化。

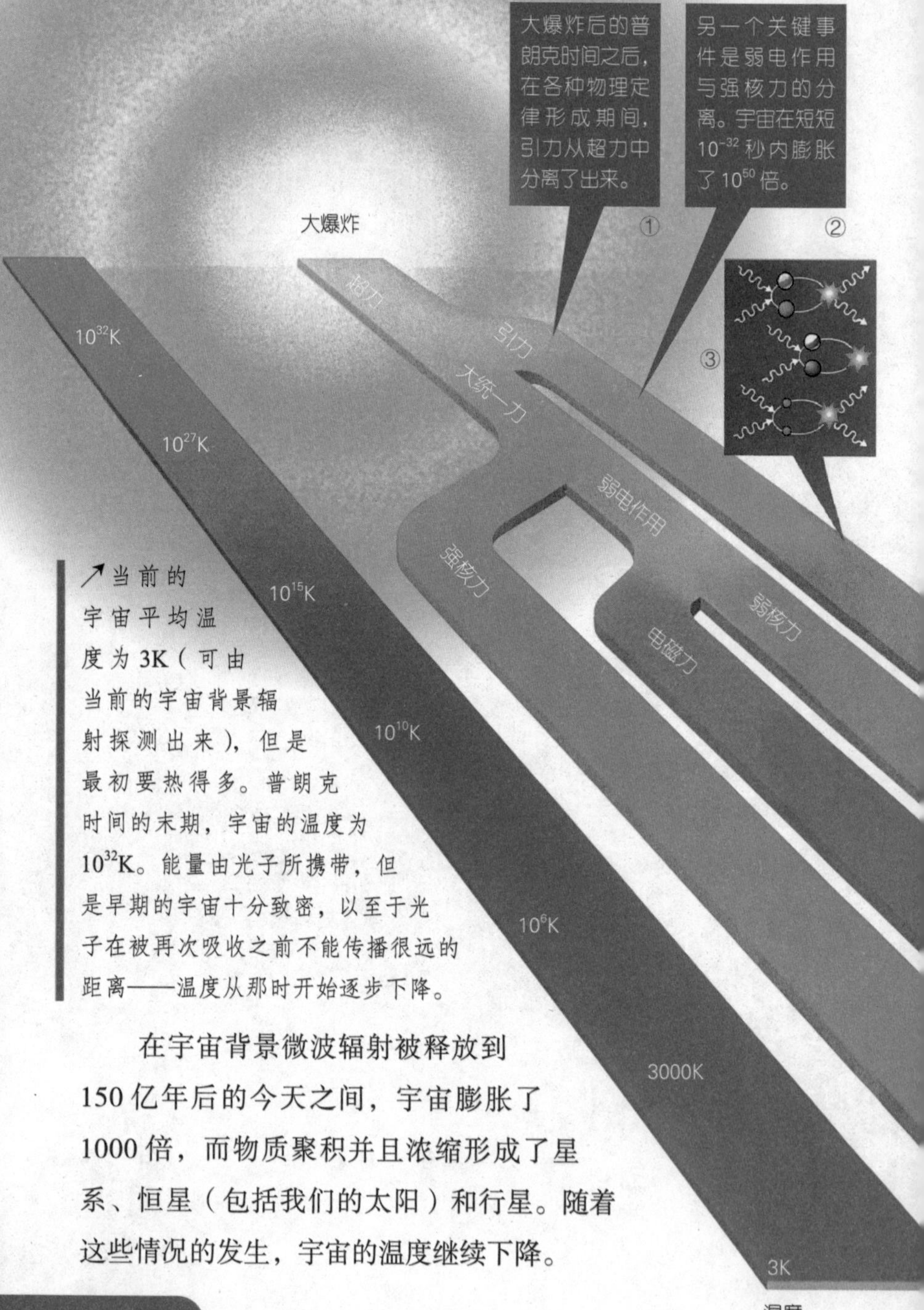

大爆炸后的普朗克时间之后，在各种物理定律形成期间，引力从超力中分离了出来。

另一个关键事件是弱电作用与强核力的分离。宇宙在短短 10^{-32} 秒内膨胀了 10^{50} 倍。

大爆炸

①

②

③

超力

引力

大统一力

弱电作用

强核力

弱核力

电磁力

10^{32}K

10^{27}K

10^{15}K

10^{10}K

10^{6}K

3000K

3K

温度

↗当前的宇宙平均温度为 3K（可由当前的宇宙背景辐射探测出来），但是最初要热得多。普朗克时间的末期，宇宙的温度为 10^{32}K。能量由光子所携带，但是早期的宇宙十分致密，以至于光子在被再次吸收之前不能传播很远的距离——温度从那时开始逐步下降。

在宇宙背景微波辐射被释放到 150 亿年后的今天之间，宇宙膨胀了 1000 倍，而物质聚积并且浓缩形成了星系、恒星（包括我们的太阳）和行星。随着这些情况的发生，宇宙的温度继续下降。

质子

反质子

中子

反中子

正电子

电子

光子

↙在 10^{-43} 秒之前，早期的宇宙①是无法描述的，但到达 10^{-35} 秒后，两种自然力分离开来，并且最轻的粒子——夸克与轻子产生了②。

到 10^{-12} 秒时③，所有的粒子都处于一种稳定地产生与湮灭的状态中；直到 10^{-6} 秒④，夸克开始结合在一起形成中子与质子，尽管几乎所有的这些粒子同样也在与它们的反粒子的碰撞中湮灭了，剩余的粒子形成了今天我们在宇宙中能够发现的物质⑤。

很长时间以后，到大爆炸后 15 秒时，这些质子与中子结合在一起形成氘核⑥，并且在几分钟后，氦核（两个质子与两个中子）产生了⑦。

2 暴涨的宇宙

今天我们所见到的能被观测的宇宙起源于一个比原子还要小的区域空间。大爆炸事件被广泛认为是创造了宇宙的事件，它发生在100亿到150亿年以前，导致其产生的原因仍然是未知的，但天体物理学家已经整理出了一套关于大爆炸后的异常详尽的知识体系——开始于大爆炸后极短的时间。此时传统的物理定律被认为已经产生了。

在极早期的宇宙中，四种自然力——引力、电磁力、强核力和弱核力——被合并成单一的超力。物质与能量并非今天这样明显分离。即使是空间也因为这个时候宇宙所占据的小得难以置信的体积而持续被打破和折叠。随着时间的推移，宇宙不断膨胀，而在它膨胀时，超力分成了引力与大统一力。

关键的下一步发生在宇宙的第10^{-35}秒时。此时，宇宙已经膨胀并且冷却到足够使大统一力进一步分离成强核力和弱电作用。伴随这一分离的是夸克与轻子的突然产生，这个过程与大气中的水蒸气在周围空气的温度充分低的时候凝结成云是一样的道理。正如水蒸气凝结成水释放热能一样，物质粒子的自发形成导致了宇宙内的变化，这产生了巨大的压力，使得宇宙以一个极大的加速度速率膨胀——比光速还快。这一过程就是暴涨，它将宇宙扩大了10^{50}的指数，而这一切仅仅发生在10^{-32}秒之内。尽管如爱因斯坦所说，没有东西在空间中运动速度能够超过光速，但是这一限制并不适用于空间

天文学家使用的长度单位

跨越太阳系的距离使用天文单位（AU）来测量，一个天文单位是地球与太阳间的平均距离——1.496×10^{8} 千米。测量恒星间更长距离用光年（ly）作为单位，1 光年等于光在一年里所走的距离——9.46×10^{12} 千米，或者 63240AU。

另一个单位——秒差距被定义为 1AU 的距离划过的 1 弧度秒（这是个非常小的角度，1 分的弧度包含了 60 秒，60 分为 1°）的弧长。1 秒差距等于 3.26 光年。

对于秒差距的定义涉及一种叫作视差法的测量恒星距离的方法。随着地球围绕太阳旋转，邻近恒星的位置相对于更远处的恒星产生移动。三角函数被用来计算这些距离。

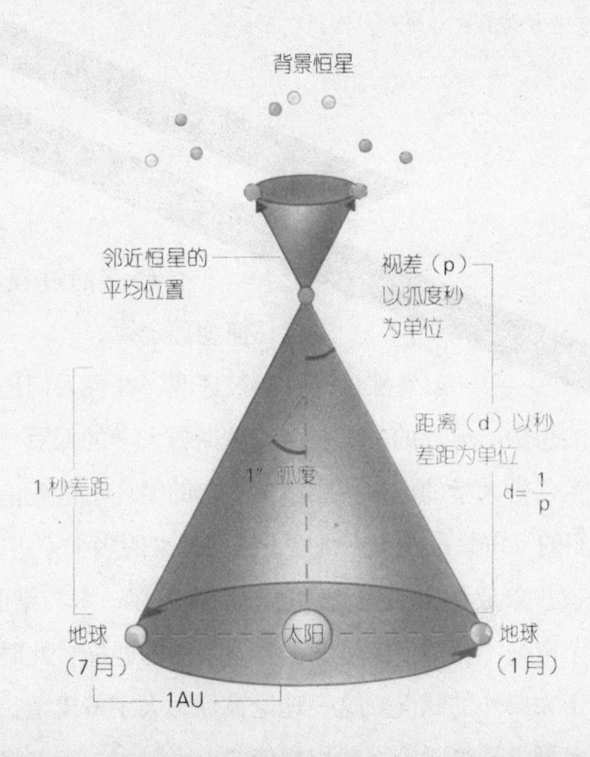

→被观测到的所有视界距离为150亿光年的空间区域都发出相同的温度的辐射。为什么它们温度相同并且发射出相同类型的辐射？

在暴涨①前，空间被紧密压缩，因而所有区域都是相邻着的，因此存在着热平衡的状态。

在宇宙以超过光速的速度短暂地“暴涨”②之后，类星体和星系等物体形成，它们都有自己的视界，由大爆炸后光所传播的距离决定。因此，A和B就都位于对方的视界之外。

在现代的宇宙③里，仍然存在着相同的几何关系——尽管宇宙额外的年龄意味着视界的扩张。

在②和③阶段中，类星体A和B并不互相接触，因而不可能知道对方的存在，我们知道它们都存在是因为它们都会待在我们的视界里。

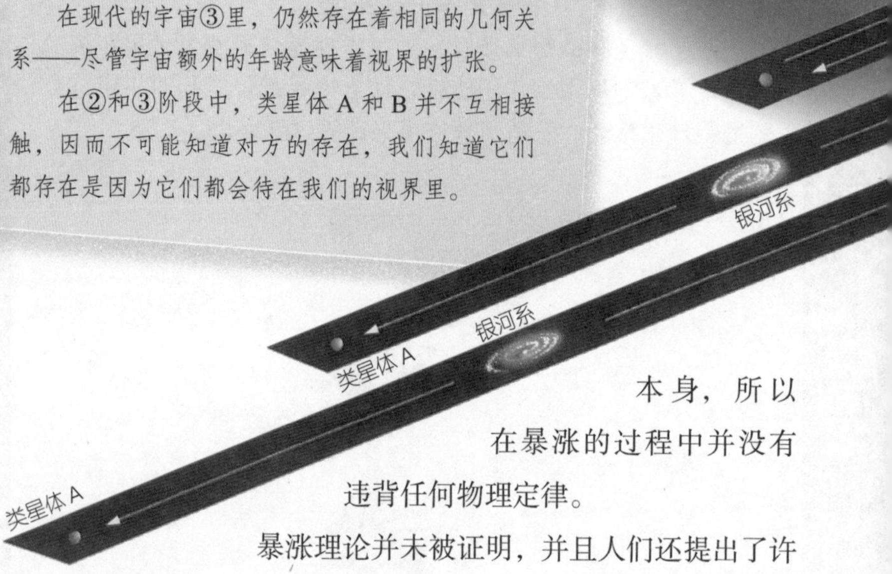

大爆炸

银河系

银河系

类星体A

类星体A

本身，所以在暴涨的过程中并没有违背任何物理定律。

暴涨理论并未被证明，并且人们还提出了许多其他的想法。最近的一个是由普林斯顿大学的保罗·斯坦哈特和英格兰剑桥大学的尼尔·图洛克提出的循环宇宙理论，他们指出，我们的宇宙只是在更高维度上连接起来的多个宇宙中的一个。这可以被想象成两张二维的纸被分开放置在一个三维的房间里，这两个宇宙毫不相关，除非它们发生偶然的碰撞，此时它们产生出类似于大爆炸的状况。这一理论被称为火宇宙模型，名称来自希腊斯多葛学派哲学家，他们相信“大火”——宇宙将周期性地

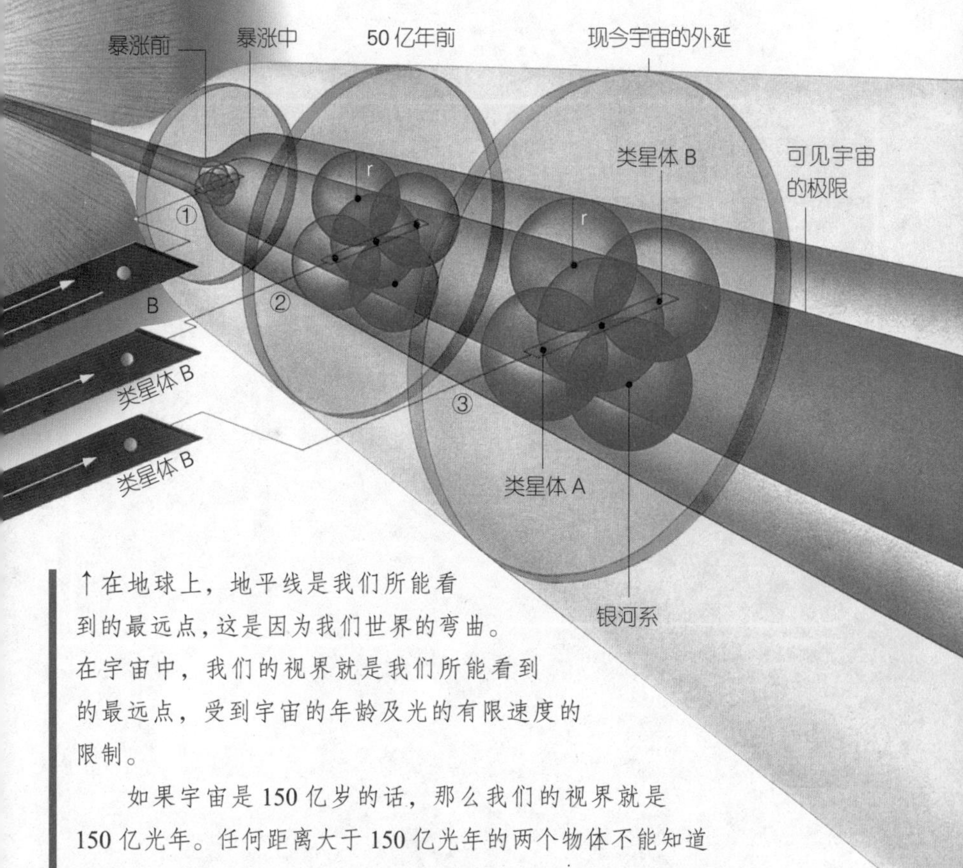

↑在地球上，地平线是我们所能看到的最远点，这是因为我们世界的弯曲。在宇宙中，我们的视界就是我们所能看到的最远点，受到宇宙的年龄及光的有限速度的限制。

如果宇宙是150亿岁的话，那么我们的视界就是150亿光年。任何距离大于150亿光年的两个物体不能知道对方的存在，因为它们所发出的光线没有足够的时间到达对方。宇宙暴涨前，我们的视界以光速扩展。当暴涨发生时，宇宙的半径只有10^{-35}光秒。

随着大统一力的分裂，宇宙内部的空间按指数函数膨胀。因此，宇宙变得比所能看到的部分要大得多。原来相接触的区域随着空间的膨胀被分离开来，而分离速度是光速的许多倍。

被火毁灭的想法。

其他天文学家则相信，在未来几年里，空间探测器对于充斥整个宇宙的微波背景辐射的更深入观测将证实暴涨的发生。

3 婴儿期的宇宙

宇宙在第 10^{-12} 秒时，弱电作用分解为电磁力与弱核力。在此之前，所有轻子——电子、中微子等不由夸克组成的基本粒子——的行为方式相同。但是现在，随着这两种力（支配轻子的反应）的相互分离，电子和中微子独立开来。电磁相互作用开始在所有带电粒子之间发生，光子开始大量地生成。

在这一阶段，宇宙的组成部分都处于稳定地产生并相撞的状态中。物质粒子与它们的反粒子碰撞，随即湮灭并产生一对高能光子。这些光子很快地又衰变回粒子 - 反粒子对，于是碰撞——湮灭的过程又重新开始。

这种物质与能量间的循环转换是可能发生的，因为这时的宇宙十分致密且灼热：大爆炸后不到一百万分之一秒内，温度高于 10 万亿 K。在这种环境下，夸克可以作为独立粒子而存在，因为它们与其他夸克之间建立的任何连接不久就会被碰撞所破坏。

当宇宙年龄到达 1 微秒时，情况又变了：这时，它已经充分地膨胀与冷却，以至于像以前一样在那么大范围内自发产生新物质不再可能。此时，粒子与它们的反粒子相碰撞所产生的光子不再重新转变成物质。

随着宇宙的冷却，强核力把夸克拉在一起组成质子与中子。其中的大部分粒子都在与它们相对的反物质的碰撞中湮灭了。然而，由于宇宙中有着虽然小但仍可测量的趋势，并且创造出比反物质更多的物质，一些基本粒子残留了下来。每 10 亿对粒子 - 反粒子对中，就有 1 个粒子在没有相对的反物质的条件下产生。这些残余的物质粒子就构成了我们今天所发现的每一个原子核。

到那时为止，中微子和反中微子就一直处于一个恒定地与宇宙其他物质相碰撞的状态中。随着宇宙到达诞生后第 1 秒，它们都停止了与其他粒子的反应。这个过程称为中微子的去耦，可能是大爆炸后最早的可探测事件之一：如果有足够多的强力中微子探测器的话，就能以中微子流背景的形式被探测到，使得天文学家们可以研究宇宙在第 1 秒时候的状态。

更早的唯一可能被探测到的事件是引力子的去耦，这被认为发生在大爆炸后的第 10^{-12} 秒。然而，引力子的去耦比中微子去耦更为不确定：与中微子不同，人们至今仍然没有证明引力子的存在。

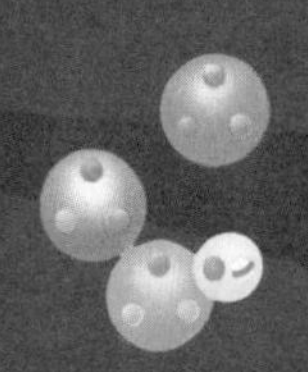

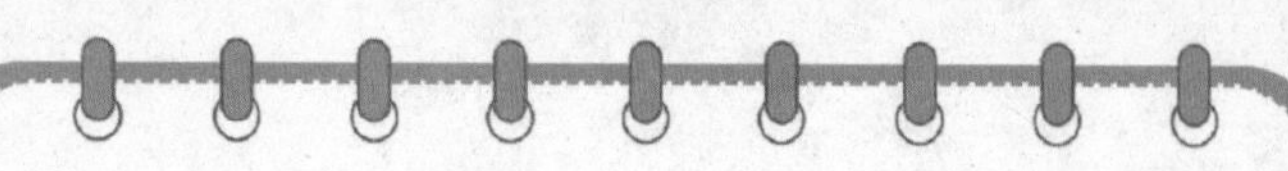

→宇宙中的所有物质（包括图中所示开放星团NGC3293中的恒星）都是由没有伴随的相应反物质生成的物质粒子所组成。光子占据了宇宙内物质粒子中的大多数，其比例为10^9：1。

宇宙中最早的恒星是仅由氢与氦组成的。更重的元素还没能合成，因为这些过程只能在大质量恒星的中心进行。只有当第一代的恒星到达了它们生命的尽头时，它们才能在宇宙中留下比氦更重的元素。星系被认为在大爆炸后大约10亿年开始形成。

↘在非常早期的宇宙中，空间的密度很高，以至于光子经常碰撞。这导致它们自发地转变成为物质粒子及相对的反物质。粒子的精确类型取决于光子的结合能。物质与反物质也会相碰撞，它们互相湮灭，并且再次产生一对光子。这个过程就是对生，它在现代宇宙中适当的条件下仍在发生，物质粒子在没有相对的反物质产生的情况下每10亿次里面有1次。这就通过粒子“种下”了宇宙，因为没有使它们重新变回带能量的光子相应的反物质。

4 宇宙的成分

宇宙中所有物质（包括恒星和行星）的基本成分都是化学元素。每种元素只由一种原子组成，原子则由质子（带正电荷）、电子（带负电荷）和中子（电中性）构成。中子存在于原子核中，并不指示其化学性质，但如果同种元素原子核中的中子数不同，就会产生不同的同位素。一种元素的中子和质子的数量决定了原子量。

氢是最简单的一种元素，由1个质子和1个电子组成。它的原子量为1，是所有元素中最轻的。如果其原子核中的中子数量不一样，就会产生有不同原子量的同位素。例如，氢的同位素之一——氘，它的原子核内有1个质子和1个中子，因此其原子质量为2。

物理学家注意到了宇宙中氢原子的这种简单性和丰富性，于是他们推断：宇宙大爆炸产生了氢原子，而所有其他元素都起源于原始的氢原子。氢原子在高温高压下，经历适当的核转变，会产生原子量更大的元素，这一过程包含轻的原子核聚变成较重的原子核。原子核发生聚变时会释放大量的能量，同时会产生电子等其他粒子或氢核子。

宇宙诞生的第1分钟，它的温度非常高，以至于整个宇宙就像一个巨大的核熔炉在运作，仅仅在4分钟内，这个“熔炉”就将其中1/4的氢转变成了氦。之后，环境开始改变，这种反应也停止了。类似这样的极端环境在某些恒星的内部深处也存在，在那里会产生新的元素。在质量和太阳相当的恒星内部，氢元素会“燃烧”形成氦（原子核内有 2 个质子和 2 个中子），这一反应需要的温度是 1000 万 K。由于恒星内部的变化会在内核产生更高的温度和压力，氦就会聚变形成碳（6 个质子和 6 个中子），而这又可以结合更多的氦，形成氧（8 个质子,8 个中子）等。通过这种方式，多种化学元素就形成了。如果一颗恒星足够大，那么它最终会变得不稳定，以及发生巨大星体的爆炸——超新星。

很多这样产生的元素结合起来形成分子和化合物，它们中有很多是极不稳定的，被称为挥发性物质。水、二氧化碳和二氧化硫是三种重要的挥发性物质，它们在极低的温度下（低于 300℃）可以以气态形式稳定存在。元素的其他组合可形成矿物质，有些矿物质可以构成岩石（大多数是硅酸盐），它们在很高的温度下（450℃—1200℃）会发生组合凝固。像铝和钙之类与氧结合形成硅酸盐的元素就叫作亲石元素；锌、铅和银则是亲铜元素（它们易形成硫化物）；而像金和镍之类不易形成化合物的元素就是亲铁元素。

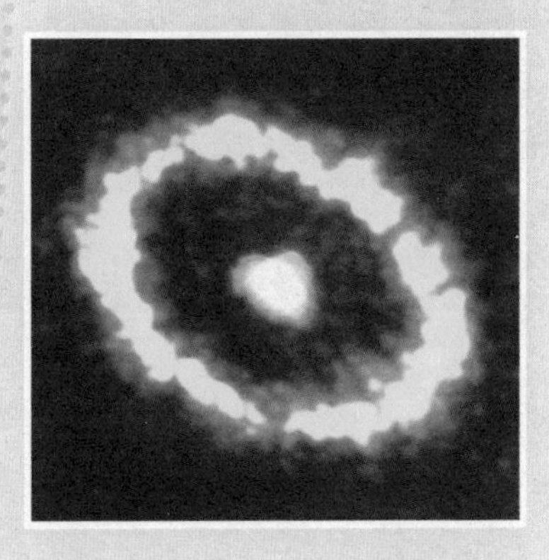

↑哈勃太空望远镜于 1990 年拍摄的 1987a 超新星的伪色影像图，显示了膨胀气体环（黄色）围绕着超新星残余。最初的蓝巨星离地球有 15.5 万光年。剧烈爆炸留下的紧密的结状残迹形成了环中心的红色区域，组成行星的很多元素就是在这样的爆炸中产生的。

↑超新星 1987a 在蜘蛛星云附近。最初的蓝色巨星在几秒钟内塌陷，并将超新星残余喷向太空。

在陨星（和在太阳星云内部生长的最早的固态物体很相似的古老宇宙小天体）中也发现了挥发性物质和硅酸盐，这说明在太阳系历史早期，有很多物质可以用于组成行星，高温粒子和低温粒子在形成行星的过程中很好地结合在了一起。

① 形成恒星的星云
② 与太阳差不多质量的恒星的前恒星期
③ 主序阶段
④ 膨胀阶段
⑤ 红巨星阶段
⑥ 收缩阶段
⑦ 白矮星阶段

⑧ 10 倍太阳质量的恒星
⑨ 超巨星阶段
⑩ 超新星
⑪ 中子星
⑫ 30 倍太阳质量的恒星
⑬ 超巨星阶段
⑭ 超新星
⑮ 黑洞

⑦ ⑥ ⑤ ④

在多年内 | 10^{13} | 10^{12} | 10^{11} | 10^{10}

↓与太阳质量相当的恒星内的氢可以持续燃烧100亿年。当氢燃尽，氦核收缩，重力势能就会被释放，恒星就离开了主序。一个膨胀的氢气壳会覆盖塌陷的核，恒星就变成了红巨星。如果恒星的质量更重，星核温度更高，氦就会聚变为碳、硅或氧，合成更重的元素。恒星质量再大一些的话，就会点燃铁并产生冷却效应：核向内破裂，恒星的外层扩散，就像超新星。质量最大的恒星会超越上述阶段，甚至中子的致密核也会压碎，形成黑洞。

5 结构的初始

随着宇宙的膨胀，大爆炸后几秒，宇宙的温度一直持续下降。当宇宙到达第 15 秒时，温度已经降到足以阻止电子－正电子对的自发形成。同样地，中子和质子，以及它们相应的反物质，相互碰撞湮灭并留下少量的物质剩余，而电子和正电子也一样。再一次，产生物质的微小偏向使得每 10 亿电子－正电子湮灭时，就有一个电子留存下来，这意味着对应于一个物质粒子就有几十亿个光子同时存在。

尽管这时的宇宙仍被光子与中微子所支配，但是原子的组成成分（质子、中子和电子）形成的条件已经具备。宇宙中基本粒子的总比例已经确定，它们处于一种恒定的碰撞状态中。

当宇宙年龄到达 1 分钟时，条件变得适宜中子与质子通过核聚变结合成为原子核（核合成）。这一过程是可能的，因为当时发生的碰撞——尤其是发生在重子（中子与质子）间的碰撞——已经因为宇宙的冷却及粒子不再以那么高的速度运动而变得没那么激烈了，这就使得强核力能够在粒子接触时发生作用。

经过了大约 4 分钟的核合成之后，宇宙充分地膨胀，其温度也相应地降低，以停止这一进程。宇宙这时包含了氢原子核（单个质子）及它的同位素——氘（一个质子和一个中子）和氚（一个质子加三个中子），以及氦（两个质子和两个中子）与它的同位素氦－3(两个质子一个中子)。

中子要保持稳定必须有其

他重子的存在，那些在原子核之外的中子就衰变成一个氢原子核（单个质子）、一个电子和一个中微子。

这时的宇宙仍然处于非常高能的状态，以使电磁力将电子束缚在原子核边上。任何被原子核捕获的电子很快就在与光子的碰撞中又获得了足够多的能量，从而再度逃离原子核。宇宙在这种恒定的离子化状态中度过了好几十万年。

在宇宙年龄 30 万到 50 万岁间，宇宙中发生的一个最重要的变化——所谓的物质和能量的去耦。随着宇宙的膨胀，温度降低，光子要把电子从原子核边撞离变得更加困难了。随着电子被原子核所吸引，光子变得能够在宇宙中长距离传播而不与其他粒子碰撞。从某种意义上看，宇宙对其中的光子来说变得透明了。

这个过程中发出的辐射到今天仍可以探测到，这就是宇宙微波背景辐射，这些辐射由于宇宙的膨胀发生了巨大的红移。这一现象在整个天空中十分一致，以 3K 的温度为表征。

物质与能量的去耦是宇宙中可观测到的最早的事件。1965 年宇宙背景辐射的发现，为大爆炸理论提供了第一个决定性的证据。

20 世纪 80 年代末，通过

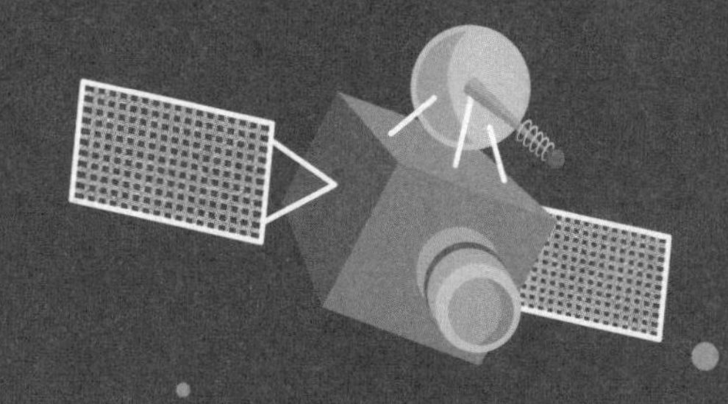

COBE 卫星对于这个辐射的微小变动——小于万分之一的观测提供了更多更重要的证据。证据显示，这个时候的宇宙并不是均匀的，有的区域比较热但比较稀薄，有些区域相对比较冷但比较致密。

从 COBE 开始，就有了大量的球载实验，诸如 MAXIMA（国际毫米波各向异性实验成像阵列）实验与回飞棒（河外星系毫米波射电和地球物理国际气球观测）实验，它们对于宇宙微波背景辐射的细节进行了详细观测。其他的地面微波望远镜则以不同的波长观测天空。它们一起为研究单个星系团的形成提供了非常重要的线索。NASA 发射了一个 COBE 的后续探测器，被称为微波各向异性探测器（MAP），以极高的灵敏度和精确度对整个天空进行测绘。欧洲航天局（ESA）已启动普朗克计划，这是在更高精度下测绘微波背景的另一项任务。

一旦物质间的碰撞及辐射停止，远远小于其他力的引力就能把原子拉到一起，这就意味着宇宙大尺度上的结构开始了演化进程。尽管天文学家还不能完全解释这个过程中的细节，但很可能就是因为原子云聚集，才形成了我们所看到的宇宙的不同星系，并且最终云团内部进一步崩塌，形成在其核内发生核聚变的恒星。

二
星系的演变

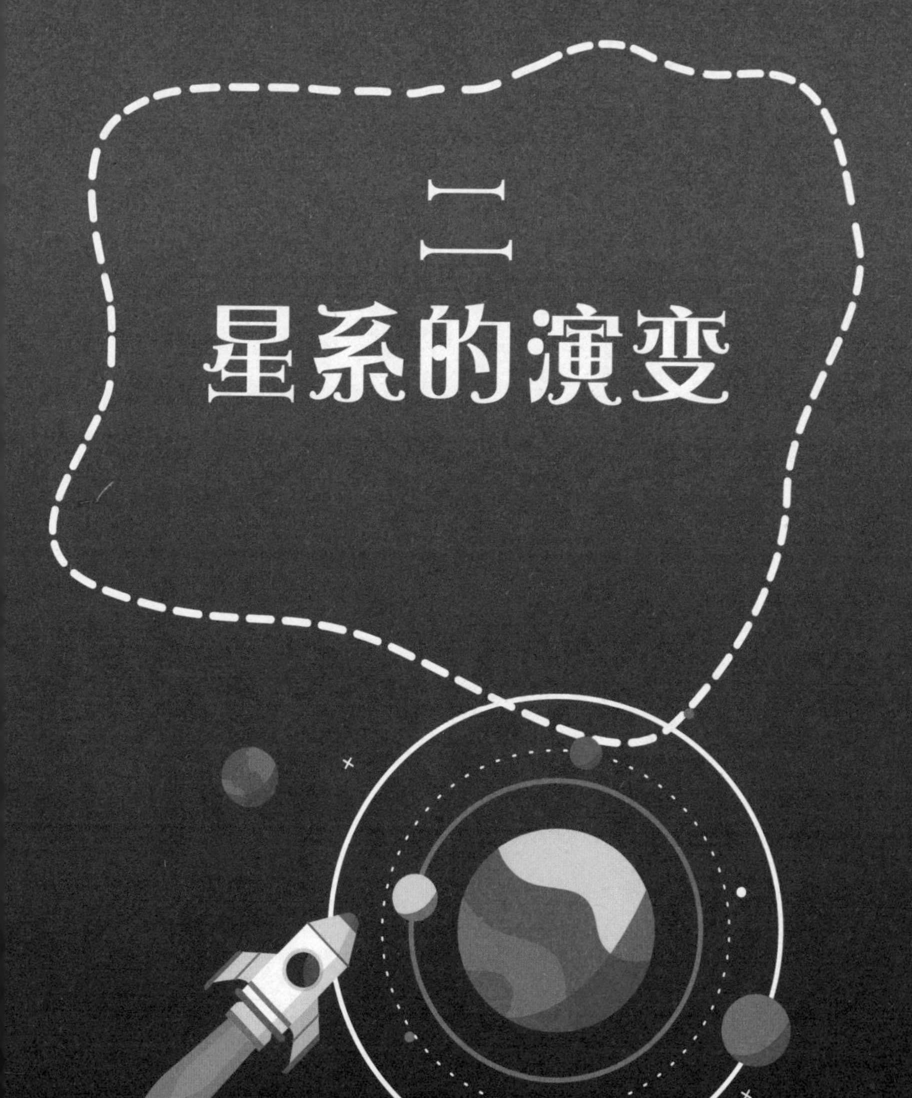

1 星系的形成

大爆炸后大约 30 万年，物质与能量去耦以后，在宇宙微波背景辐射释放的过程中，引力成为宇宙中的支配力，并把物质云团拉到一起。这一崩塌被认为是“无尺度”过程，其中大小物质云团都受到同样的影响。最小的区域最早结束崩塌，因为它们所包含的被聚集到一起的物质较少。事实上，那些最大的物质集合——超星系团，至今仍可以被观测到处于崩塌过程中。

去耦以后的时期被称为宇宙历史中的黑暗时期，这个名字的由来是因为这个时期宇宙中不存在恒星。但是随着初生星系的形成，恒星自然地形成并发光。

对这一过程的计算机仿

↓星系的成长过程在今天的宇宙中仍在继续。在这幅哈勃天文望远镜拍摄的图像里，NGC 2207 星系（左）与 IC2163（右）星系正在相互靠近形成合并。大约 4000 万年前，IC2163 与这个更大的星系撞开，现在正被拉回。

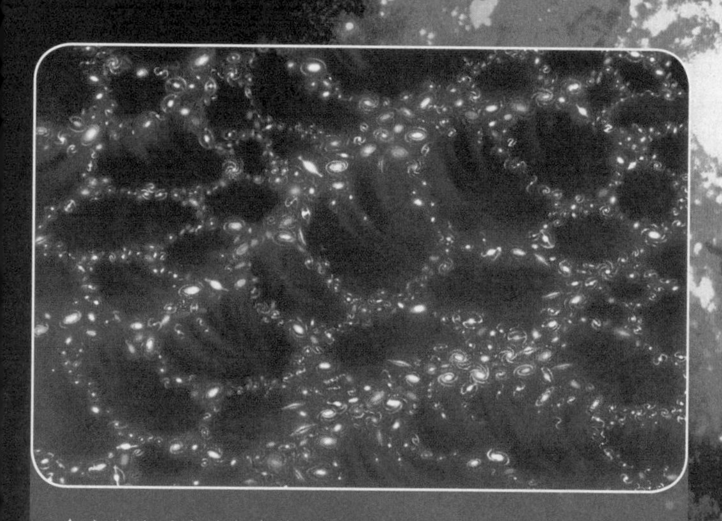

↑宇宙的黑暗时期在第一代恒星开始发光时结束。在大爆炸后大约10亿年，还不存在着可辨认的星系，只有大团的极热和明亮的蓝色恒星。这是画家对于可能围绕着这些超能恒星的粉红色氢气泡印象的一幅图画。

真模拟说明：小块的不规则星系最先形成，它们相互碰撞或者从周边环境中逐渐累积更多的物质。在发生碰撞的状况中，星系组成中的恒星将会被甩到随机方向的轨道上去，从而产生一个椭圆星系。而那些逐渐累积物质的星系将会发展成为美丽的螺旋星系。然而，任何时候，如果一个螺旋星系与另一个类似大小的星系相撞，它脆弱的螺旋臂将被毁坏，从而形成一个椭圆星系。

哈勃天文望远镜的观测表明：大多数星系都在宇宙初始的几十亿年中形成，并且从那时起，星系改变不大。现在，大量证据还表明：大多数星系中心都存在着一个超大质量的黑洞。目前的一个研究的中心就是关于黑洞是什么时候形成的。超大质量黑洞不像超新星

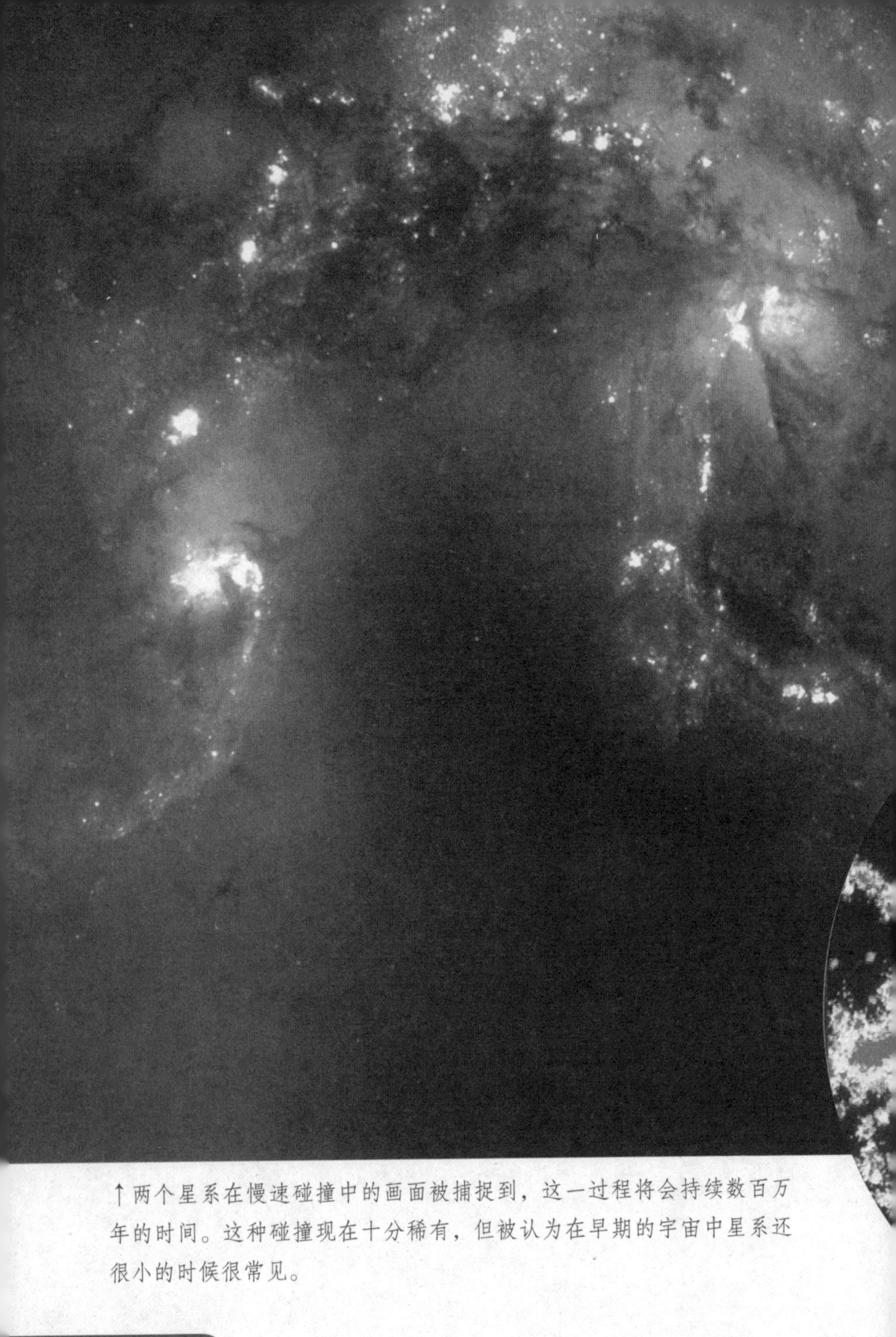

↑两个星系在慢速碰撞中的画面被捕捉到，这一过程将会持续数百万年的时间。这种碰撞现在十分稀有，但被认为在早期的宇宙中星系还很小的时候很常见。

爆炸中形成的黑洞，它并非极端致密且只有几千米宽，它们大约和我们的太阳系一样大，密度和水差不多。然而，在它们吞噬恒星时，会释放出大量的能量，这造成了它们所在星系中心的剧烈活动，使星系成为活动星系。

深入观测星系形成期对全世界的天文研究小组来说都是一个很大的挑战，因为他们所探测的天体所发出的光线需要数百万年才能到达地球。目前，望远镜还不能很好地完成这项任务，但一系列的新型空间望远镜正在设计建造中，以观测到更多黑暗时期的信息。名为“赫歇尔”的一架空间望远镜已于2009年发射，而NASA/ESA合作的下一代空间望远镜（NGST）将会是一台直径达6米的仪器，它们对于红外波长都更加敏感，这使得它们能追溯回宇宙的黑暗时期，以看到最早的恒星和星系。

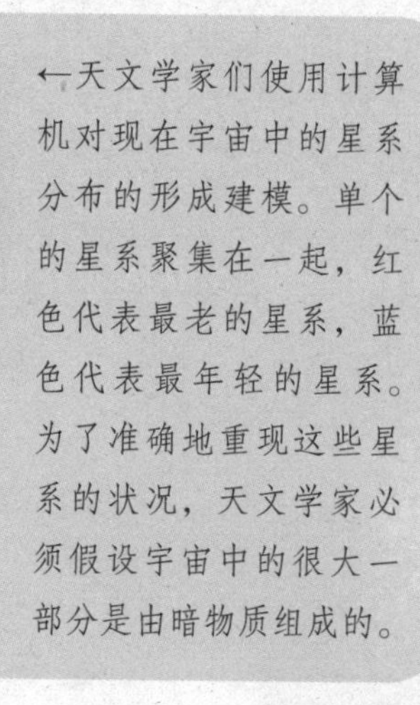

←天文学家们使用计算机对现在宇宙中的星系分布的形成建模。单个的星系聚集在一起，红色代表最老的星系，蓝色代表最年轻的星系。为了准确地重现这些星系的状况，天文学家必须假设宇宙中的很大一部分是由暗物质组成的。

2 星系的分类

已发现的星系外形和大小各异，但是大部分能够按照它们的外观分为两个主要的类别——几乎所有的星系在外观上是椭圆的或螺旋的。

分类一般是按照形状进行的，运用一种叫“音叉”图的方式，它在 20 世纪 20 年代由美国天文学家埃德温·哈勃最早设计出来。椭圆星系是巨大的恒星集合，其形状范围包括了从完美的球形到雪茄状的扁平椭圆形。已知宇宙中的最大星系是巨大的椭圆星系，它们处在致密星系团的中心，据估计包含着数千亿颗恒星。

看起来这些星系都是依靠吸收周围离得太近并被它们的巨大引力场所捕获的小星系而变得如此之大的。另一方面，椭圆矮星系是已知的一些最小的恒星系统，只拥有大约 100 万颗恒星。一般认为存在着大量的这类星系，但因为它们小且暗，因此很难被探测到。椭圆星系中的所有恒星都是很老的，并且目前也没有新的恒星在其中形成。

→星系是宇宙中最大的单个物体，平均跨度大约为 10 万光年。M83 是一个位于长蛇座中的螺旋星系，它有两条明显的旋臂和一条相对较暗的旋臂。M83 位于离银河系大约 2700 万光年的地方，其直径大约为 3 万光年。

螺旋星系是美丽的天体，就像风车一样，它表现出当前存在并且持续下去的恒星形成的迹象。它们包含了由老年恒星组成的中央凸起部位——核，围绕着持续形成新恒星的物质的盘。恒星在盘状物质形成的地方发出强烈的光芒，并且环绕着核形成螺旋形的图样。这些螺旋的“臂”随着产生新恒星的盘状物质的被压缩区域逐渐环绕星系旋转。

螺旋星系有很多种类，通常根据旋臂缠绕的紧密程度及核的大小来区分。大约所有目前被辨识出来的螺旋星系中的一半都有着附加的可区分特征，这就是从星系核中释放出来并延伸到星系盘中的一个由恒星构成的直的棒状结构，一般的旋臂将会从这些棒状结构的末端开始缠绕。这种星系被称为棒旋星系。与螺旋星系一样，它们也可以根据旋臂缠绕的紧密程度和核的大小进一步分为不同的类型。棒状结构的产生看起来与螺旋转动的恒星引力的相互作用有关。

透镜星系构成了一种中间状态的星系类型，介于椭圆星系与螺旋星系之间，它们有着核凸及恒星构成的薄盘状结构，但是没有螺旋臂。也有棒状结构的透镜星系。

没有明显的结构或者核的星系被称为不规则星系。Ⅰ型不规则星系显示了旋臂曾以某种方式分布的迹象；Ⅱ型不规则星系则纯粹是一团混乱的恒星。有证据证明，这种类型的很小的星系如矮星系，可能是因为更大的星系间碰撞时抛出的物质落入星系空间而形成的。与螺旋星系一样，不规则星系正处在恒星形成的过程中。

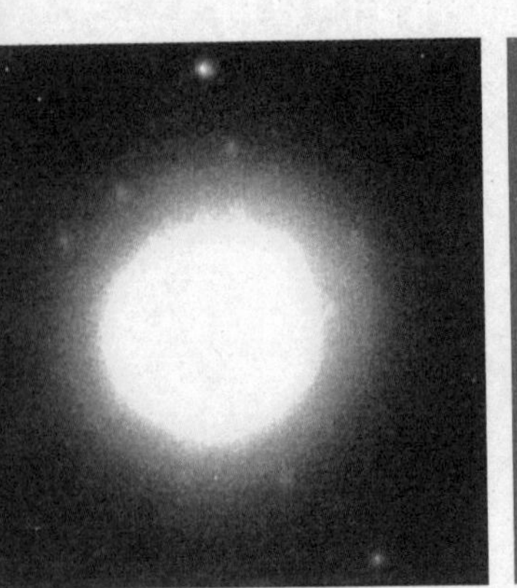
①

②

③

↑哈勃音叉图展示了几种不同类型的星系。总共有7种类型的椭圆星系（①—③），螺旋星系（④—⑥）和棒旋星系（⑦—⑨）通常都如右侧图表现的那样。螺旋星系进一步分成三种类型，分类依据为核的大小及旋臂围绕的紧密程度。透镜星系一般介于螺旋星系与椭圆星系之间。不符合这些分类的星系被称为不规则星系。

↓星系曾被天文学家认为是椭圆形并且随着旋转逐渐变得扁平的。人们相信星系在这之后产生了旋臂，进而形成螺旋和棒旋星系。但是，现在人们知道事实并非这样。换言之，哈勃音叉图上的不同类型的星系并非一个演化序列。星系的哈勃分类永远不会改变，除非星系发生极剧烈的变化，如与其他星系相撞。事实上，椭圆星系是在螺旋星系相撞并合并后产生的。

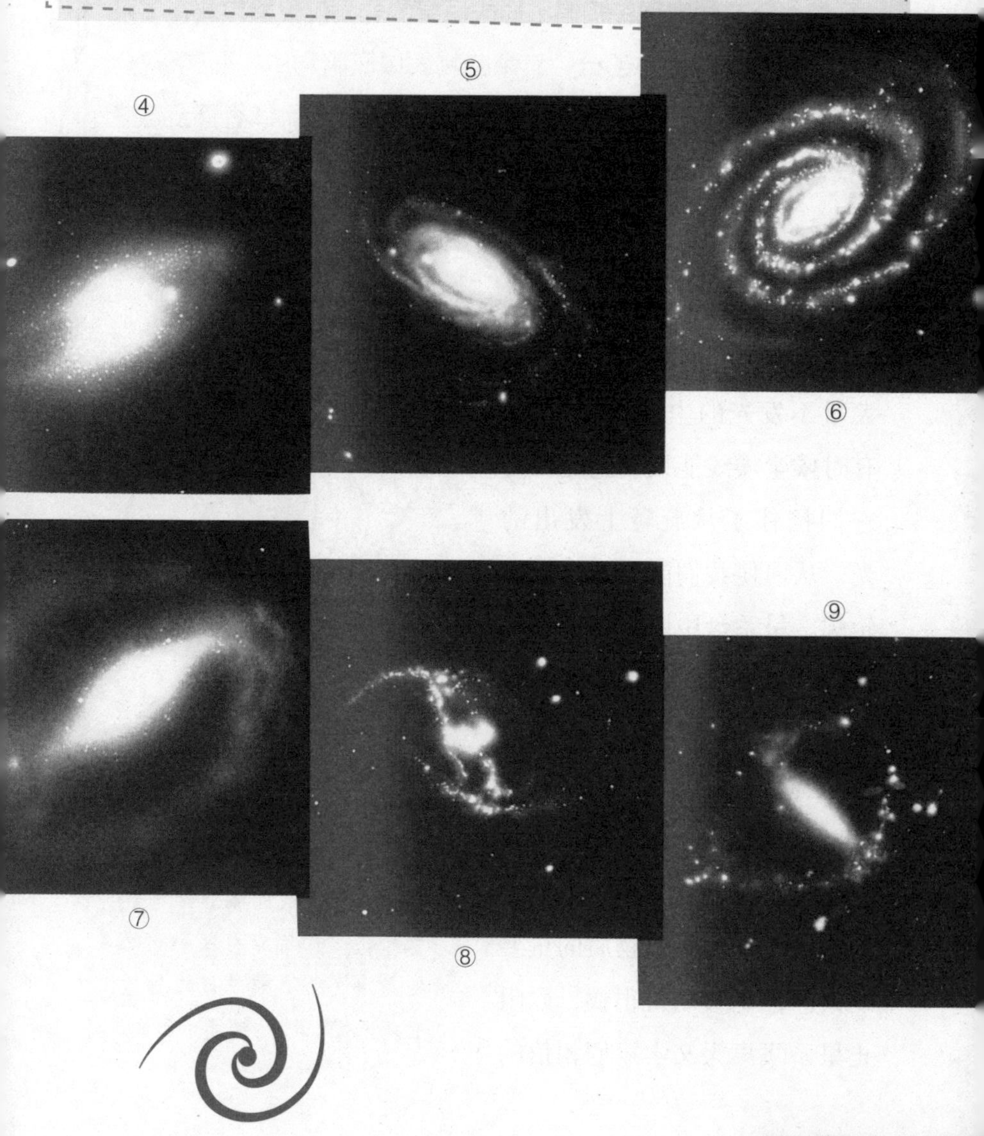

3 星系的结构

螺旋星系的可见区域曾一度被人们认为代表了它的整个系统。天文学家现在相信：形成恒星的物质仅仅是包含在星系中所有物质的极小部分，其余的物质以灰暗物体的形式存在，它们太暗，以至于我们无法在观测星系时看到，或者甚至这些我们无法探测到的物质形式就是暗物质。

在从地球上无法看到的昏暗物质中，螺旋星系盘中含有大量不发光的尘埃与气体线。有时候尘埃线能被看到是因为它们挡住了从旋臂上发出的光，从而使我们能看到它们的轮廓。星系盘中同样包含着许多更暗、更老的恒星，因为它们的光芒被旋臂上年轻明亮的恒星掩盖，所以无法被看到。恒星围绕螺旋星系的旋转为我们提供了许多关于星系中包含的比可见部分更多物质的重要线索。恒星移动得很快，以阻止星系飞离天文学家们相信的

↑螺旋星系结构是怎么形成的？或者，为什么我们在地球上看见的是一个螺旋？如果在星系盘中，恒星的轨道旋进椭圆，且每条轨道与相邻轨道之间都存在一个很小的角度，那么旋臂就在这些看起来“成串”的椭圆中形成。

围绕着螺旋星系的巨大、隐藏着的球状物质晕。

从可见的证据上来，星系的质量与太阳系一样，似乎集中在它的核内。这也许意味着，随着星系的旋转，离核心较远的恒星要比离核心较近的恒星移动得慢。但是，实际观测并不支持这点。相反，星系的质量更像是存在于它的可见区域之外，包含在巨大的球状物质晕中。

↑ M13 是一个与银河系相关的球状星团。这类星团存在于星系周围的晕中，并且环绕其母星系核的轨道运行。在螺旋星系中，这些轨道使得星团穿过星系盘区域。然而这里的恒星密度很低，因此球状星团完好无损地出现在星系盘的另一侧。

晕中的物质被认为包括了好几种不同的物体，如从星系盘中逃逸出来的灰暗恒星；失败的恒星，它们被称为矮褐星；恒星崩塌、死亡之后的遗迹形成了包括中子星、黑洞在内的物体。气体云可能也存在于星系晕中。除了灰暗物体之外，星系晕也包含了名为球状星团的发光体。

球状星团类似于椭圆星系，它们是被相互间的引力束缚在一起的恒星的球形集合物。在球状星团中没有恒星产生，它们环绕着自己的母星系，并且界定出一个球状区域，这被认为代表着星系晕边界。

球状星团包含了非常老的恒星——大部分被认为是在100亿年前形成的。然而一些恒星甚至更老，估计有着和宇宙一样的年龄。最大的球状星团包含了几百万颗恒星。典型的螺旋星系有大约150个球状

↑草帽星系（M104）位于处女座中，是一个侧视的螺旋星系（左）。横穿星系中部的暗条是由尘埃构成的。成熟的计算机图像处理使得昏暗的星系晕变得可见（右）。星系的一张“底片”被叠加了上去，以揭示它的位置。

星团，而椭圆星系可能包含上千个。一般认为气体云团崩塌形成星系时，孤立区域会各自崩塌并形成球状星团。

许多天文学家相信，在星系晕之外，还存在着一个甚至更大的球形区域，被称为冕。星系冕的直径可能有星系晕的直径的4倍大，可能包含了奇特的暗物质粒子，它们的行为特征与五种稳定的基本粒子大不相同。受到技术的限制，使用目前最先进的设备也探测不到这些粒子，然而它们的存在却可以通过它们对星系中发光物质的引力作用推测出来。一些天文学家提出，星系冕可能占据了多达星系总物质量90%的比例。

↓螺旋星系的可见部分是一个大得多的结构中的一部分。照片中是一个典型的侧视的螺旋星系：盘状结构被晕包围，球状星团显著存在于晕中。此外，晕中被认为还包含了灰暗恒星、死亡恒星，如白矮星和中子星甚至黑洞。

在螺旋星系的晕的外部，一些天文学家相信存在着一个更大的包含物质的球形区域，这被称为星系冕，根据目前的理论，它包含了大量的暗物质。但没有人探测到这种物质，不过它的存在能够通过星系团中星系的运动推测出来。冕内暗物质可以解释星系在旋转中的奇怪表现。

球状星团帮助一位美国天文学家——哈罗·沙普利在1920年做出了对于银河系的第一次准确测量。观测整个星系是十分困难的，星系平面上的星际尘埃限制了我们的视野。球状星团（位于黄线的末端）位于平面上侧或下侧尘埃较少的地方。沙普利假设星团系统的中心与星系中心重合，并利用星系到达这些星团的距离估计了银河系的大小。

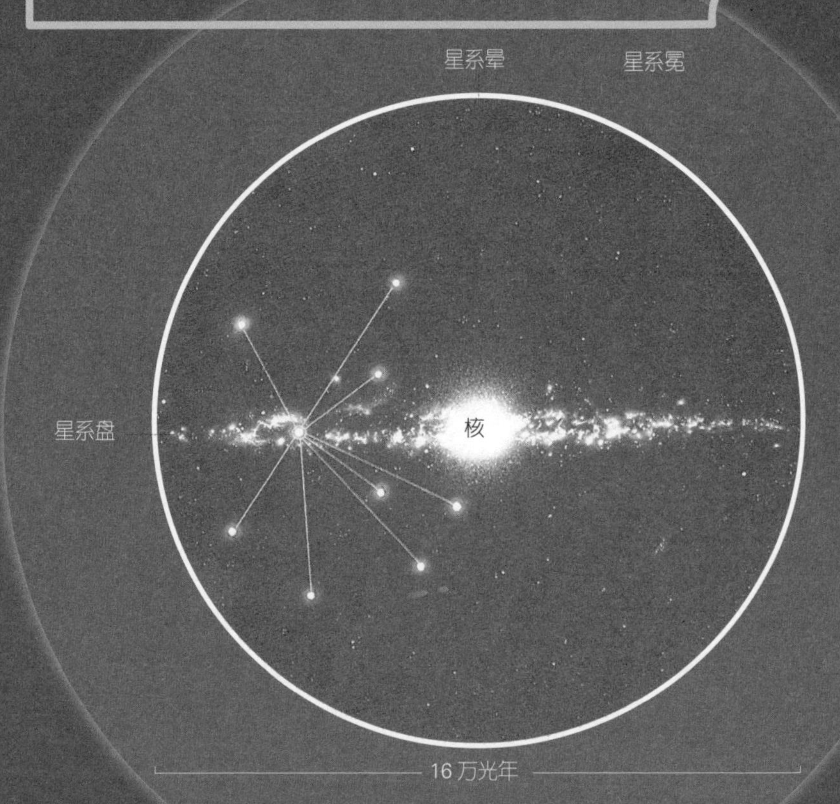

4 星系团和巨洞

几乎所有的星系都通过引力与其他星系相关联，这样的联合被称为星系群或星系团——取决于包含的星系的数量。我们所在的星系——银河系是本星系群中的一员，本星系群包含了大约 20 个不同大小的星系。超过 10 个星系组成的联合称为星系团，它们有不同的形状和大小：有的是球形的，有些则是不规则的，并且蜿蜒着穿过宇宙。不同的星系团类型包含了不同种类的星系，通过研究所包含的星系类型，天文学家能够了解星系的形状是怎么演化的，尤其是螺旋星系如何形成椭圆星系的。

在球状星系团中，大部分星系是椭圆星系。这些星系团类似于圆球形星团——组成方式相同，只是规模大得多。它们不是由单个的恒星组成，而是由不同的星系组成。这些星系团环绕着一个星系十分集中的中心按照固定的椭圆轨道运行，这些轨道周期性地将它们带到这些致密的区域中。一旦到那里，螺旋星系就会与其他的星系碰撞形成椭圆星系。在一些情况下，星系团的中心部分是一个巨大的椭圆星系，这些就是 cD 型星系，它们被认为是由多个较小的星系的连续合并产生。不规则星系团主要由螺旋星系组成，没有固定的形状或者引力中心，它们的成员星系间很少能够相互接触。

星系团同样会因为引力与别的星系团束缚在一起。通过澳大利亚的 2dF 与美国的斯隆数字空间探测器望远镜等仪器，天文学家绘制了数十万的星系的位置和红移，表明这些星系并不是均匀地分布在宇宙中，而是构成了扫过整个宇宙的名为超星系团的链状结构。本星系群属于一个超星系团，被称为处女座超星系团，它的直径超过了 1 亿光年。超星系团看起来似乎聚集在一个超大的球状巨洞周围。这可能与对宇宙背景辐射的研究中探测到的原始物质中的“粗块”有关。最大的超星系团是一个被称为“长城”的薄片，它覆盖了超过2.5亿乘以7.5亿光年的区域。

星系团内引力往往能够抵消宇宙的膨胀。星系也就按照它们之间的引力作用而移动。

↑在处女座星系团的中心有一些距离本星系群最近的星系团。这里画出的巨大椭圆星系的直径大约为 200 万光年，每个几乎都与本星系群中的星系同样大小。

但是超星系团极其大，它内部空间正如哈勃流所示正在膨胀。由于引力的影响，这不再是一种简单的膨胀性运动。不同于各处均匀的生长，超星系团随着宇宙的膨胀逐渐地被拉长。

→银河系只是组成本星系群的可能的 20 多个星系之一。这个数字只是一个保守估计，因为几乎可以肯定存在着很多未被发现的昏暗星系。

→本星系群是处女座超星系团的一部分，超星系团大约 20% 的成员星系来自处女座星系团。这个星系团距离我们大约 5000 万光年，由大约 700 万光年大小的区域中的 1000 个星系组成。

①
②
③
④
⑤

①
②
③
④
⑤

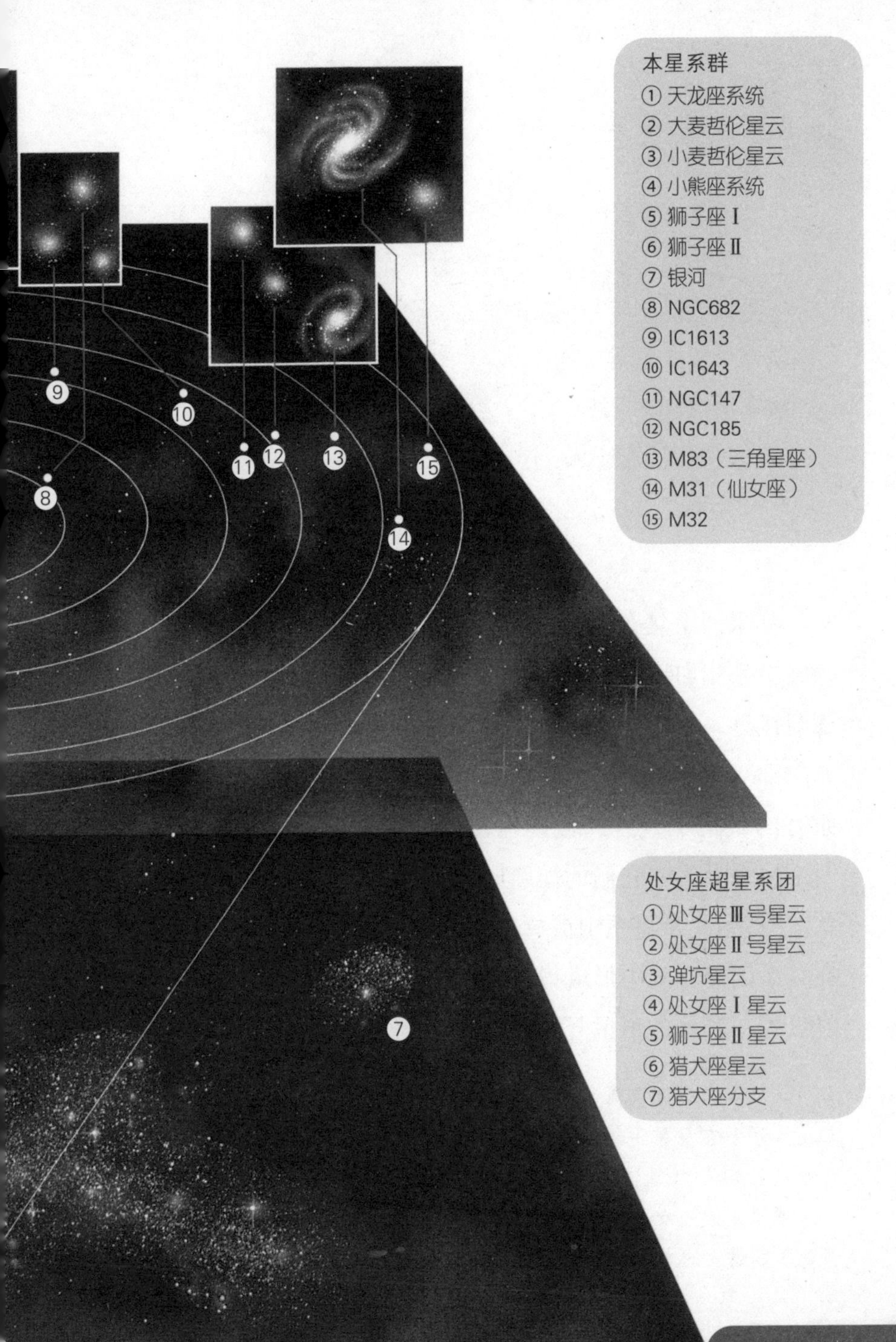
本星系群
① 天龙座系统
② 大麦哲伦星云
③ 小麦哲伦星云
④ 小熊座系统
⑤ 狮子座Ⅰ
⑥ 狮子座Ⅱ
⑦ 银河
⑧ NGC682
⑨ IC1613
⑩ IC1643
⑪ NGC147
⑫ NGC185
⑬ M83（三角星座）
⑭ M31（仙女座）
⑮ M32
处女座超星系团
① 处女座Ⅲ号星云
② 处女座Ⅱ号星云
③ 弹坑星云
④ 处女座Ⅰ星云
⑤ 狮子座Ⅱ星云
⑥ 猎犬座星云
⑦ 猎犬座分支

5 相互作用中的星系

星系始终处在运动中（它们之间及与相邻天体之间的引力作用导致），所以有时可能每上亿年一次，星系团中的星系运行到极近的距离上，从而发生剧烈的相互作用。如果两个星系具有相近的质量，相互作用的结果与一个星系比另一个星系大很多的情况将很不一样。星系的接近程度同样影响到最终的结果。一些星系擦肩而过，在距离很远的地方影响到对方，而另一些相互碰撞并发生合并。

如果两个具有相近质量的螺旋星系相向运动，随着它们逐渐接近，它们会开始搅扰对方内部。它们将对方的恒星从原有的轨道上拉开，慢慢地，两个星系会失去它们的螺旋形状。一些恒星从星系中被拉出，在星系间的空间中形成很长的“尾巴”；其他的恒星开始减速

→对仙女座椭圆星系的近距离观察显示了在星系下沿是哪种东西看起来是双核（通常不能被看见）。这可能是被处女座椭圆星系在10亿年前吸收的小星系的遗迹。

↓这一序列是由计算机模拟的星系上亿年间相撞过程的方式的模型。随着星系的相互靠近，它们彼此开始受到对方引力场的影响而扭曲，进入互相环绕的轨道并逐渐接近。在“螺旋”进入彼此的过程中，恒星构成的长带被向后抛出。

并向两个星系的共同质心落去。如果两个星系距离足够近，它们会合并成一个星系。当星系以这种方式相撞时，它们所包含的恒星实际上并不互相接触：恒星间的空间非常大，以至于在星系合并中发生碰撞的概率也很小。

如果两个相撞的星系大小差别较大，其中的一个会受到很大影响，而另一个基本不变。如果一个小的致密星系与一个大的螺旋星系相遇，螺旋星系相对不受影响，而小的致密星系将会发生极大的变化。但是，如果致密星系穿过了螺旋星系，它会使螺旋星系形成环状，就像是池塘中的水波一样。

星系间相互作用的影响对星系中的气体云来说是很不相同的。作用于气体云上的新引力常常会引发崩塌，从而导致极大量的恒星形成——一种被称为星暴的现象。一个很典型的例子就是M82星系，它受到了邻近大的M81螺旋星系引力的影响，尽管较小的星系发生明显的形变，而在它的中心附近也发生了剧烈的恒星生成过程。

当星系合并时，它们中的尘埃和气体被剥除，形成了新的恒星。因此合并后的系统不能产生新的恒星。恒星的运动同样受到了影响，因而它们不可能处在盘状星系所需的有序状态。恒星轨道的随机性使得星系变为椭球状，它们是球形还是椭球形取决于轨道的随机性。如果轨道的倾角是完全随机的，星系将是球形的；如果轨道的倾角存在偏向，星系将是蛋形的。

6 银河系：我们的家园

传统上，人们认为银河是横跨夜空的那条模糊光带。意大利天文学家伽利略（1564—1642 年）是第一个使用望远镜观察银河的人，他发现银河是由无数的昏暗恒星组成的。在之后的三个世纪中，天文学家认识到这条昏暗的光带是我们所看到的自己所在的星系。它之所以与其他星系看起来很不相同，是因为我们是从银河的内部观察它。

银河系是一个螺旋星系，因此相对扁平并呈盘状。如果我们观看盘面，可以看到比侧视时更多的恒星。太阳并不位于银河系的中心，而是处在一条旋臂上。银河系的中心位于射手座的方向上。

尽管银河系是在 100 亿到 150 亿年前形成的，但太阳只是在大约 45 亿年前诞生于其一条旋臂上，并且从那时开始在围绕银河系中心的轨道上旋转，它已经绕了大约 21 圈，并且现在正处于猎户座旋臂的尾缘。猎户座旋臂是包含了猎户座中大部分恒星的一条旋臂。对银河系的一些测绘表明，猎户座可能实际上并不是一条完整的旋臂，而只是一条连接射手座旋臂和英仙座旋臂的分支。如果确实如此，我们所处的位置就能以位于猎户座桥或分支中的形式更准确地描述出来。射手座旋臂位于我们与银河系中心之间，而英仙座旋臂从太阳的外侧绕过。

银河系中心是一个相当神秘的地方，它被尘埃和气体云包裹。可见光无法穿过这些云团，因此天文学家只能依靠对

中心视点

↓这张银河系风格化视角的照片展示了银河系的一些主要特征，说明了为什么地球上不同视角的银河的外观不同。不管我们用何种方式去看，视野中旋臂始终是重叠的。当我们朝星系中心看时，银河看起来最稠密。其他的视角穿过了不同数量的恒星——有的多，有的少。

猎户座旋臂视点

① 太阳
② 射手座旋臂
③ 半人马座旋臂
④ 猎户座旋臂
⑤ 英仙座旋臂
⑥ 天鹅座旋臂
⑦ 星系中心

电磁辐射在其他波长上的观测。天空中最强烈的一个无线电辐射源来自一个被称为射手座 A* 的天体，它位于银河系的中心，是一种被称为黑洞的奇异天体。进一步的证据来自银河系中心发射出来的一束反物质辐射的发现，它暗示着强烈的高能量进程。

毫无疑问，银河系是一个平均大小的螺旋星系，但它究竟属于哪种类型的螺旋星系，还处在争议中。多年以来，它被认为是一个标准的螺旋星系，但是在银河系旋臂与核心之间几乎必然

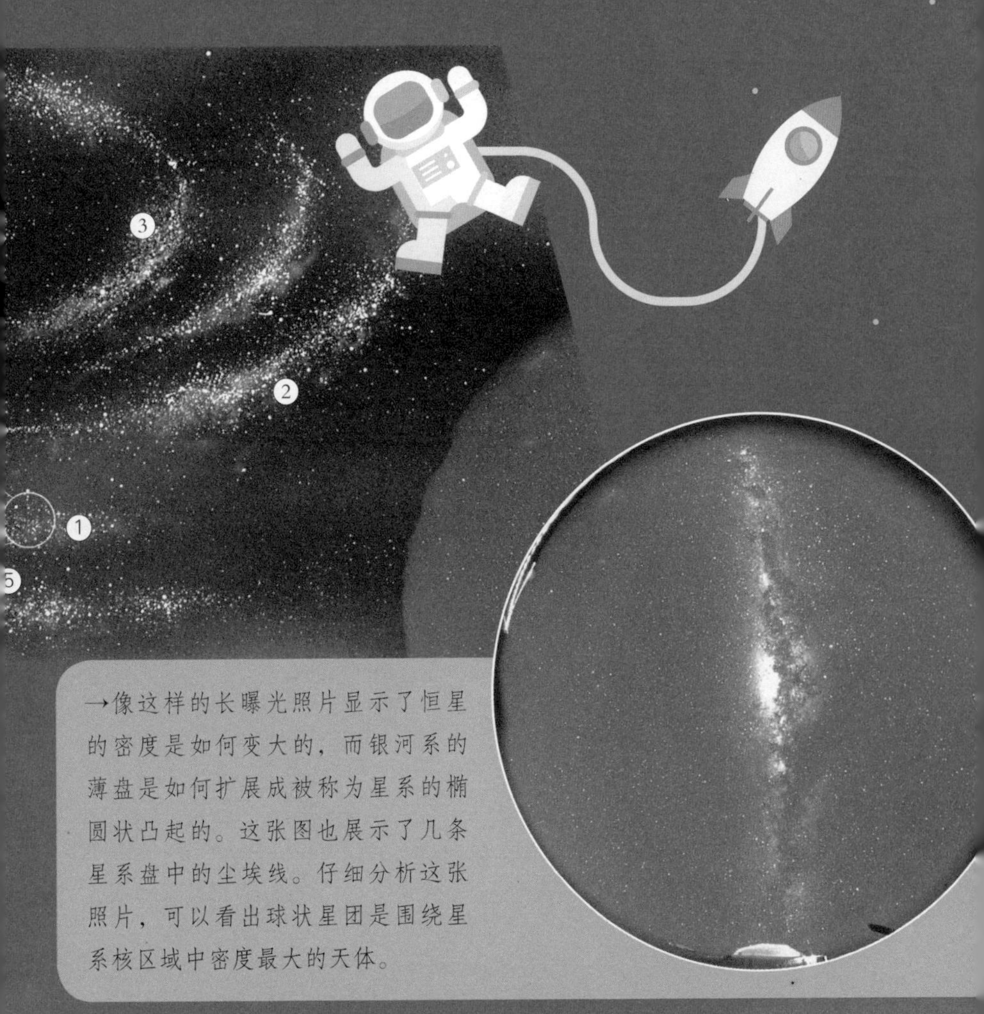

→像这样的长曝光照片显示了恒星的密度是如何变大的，而银河系的薄盘是如何扩展成被称为星系的椭圆状凸起的。这张图也展示了几条星系盘中的尘埃线。仔细分析这张照片，可以看出球状星团是围绕星系核区域中密度最大的天体。

存在着一条连接它们的短棒状结构，所以银河系应当是一个棒旋星系。银河系外形的另一个有趣的特点是：它的恒星盘不是平坦的而是弯曲的。

与许多大型星系一样，银河系中有很多环绕其旋转的小星系。麦哲伦星云是两个不规则的卫星星系，另外还存在着许多更小的受银河系引力影响而被捕获的矮星系。在它的巨大影响之外，银河系是名为本星系群的星系组合中其他星系的引力边界。本星系群包含了21个已知的成员，其中三个是螺旋星系（银河系、仙女座星系和M33星系），其余的星系都是椭圆星系，包括了巨大的椭圆星系梅菲I星系和矮星系。

↓银河系中心位于射手座的方向上。高密度的可见恒星说明它们排列得十分紧密。在我们自己方向上对中心区域的视点被地球与星系中心之间星系盘上的大量尘埃所阻挡。但是，在不同于可见光的波长上，银河系的中心能被揭示出来。

三
认识恒星

1 恒星的诞生

巨分子云环绕星系中心运动时被引力场和磁场所牵引，它们所包含粒子的运动速度取决于它们的温度：云团温度越低，粒子运动越慢。高速移动的粒子难以相撞，因此恒星只能在冰冷云团的致密核中形成。这些云团的典型温度高于绝对零度15℃。这些云团周期性地发生崩塌，这类崩塌的触发机制被认为是巨分子云之间的碰撞或是巨分子云进入星系旋臂。

这两种情况都导致云团中产生压缩波，这使得某些孤立区域变得极致密以至于引力超过了其他作用，从而导致云团崩塌。这些孤立区域通常包含了足以形成几百个具有与太阳质量类似的恒星的质量，它们被称为巴纳德体，通常表现为恒星前面的黑暗区域。有时，含有发射星云的区域会达到适当的密度并且发生崩塌，这表现为发光气体中的圆形黑色“气泡”，它们被称为博克球状体。随着巴纳德体和博克球状体的崩塌，它们中间的孤立区域也发生崩塌。通过这种方式，云团分裂为多个大小不一的碎片。恒星在较小的碎片中形成。

在崩塌区域的中心产生了物质的聚集，这些物质的3/4以氢气形式存在，其余的几乎都是氦，较重元素占2%。这一区域被称为原恒星，随着物质倾泻到其上，气体被压缩，温度开始显著升高。温度的升高使气体运动加快从而产生更大的压力，这一压力逐渐平衡引力的向内拉力并阻止原恒星的进一步崩塌。随着更多的物质聚集到原恒星上，它逐渐被压缩而不再崩塌。这一过程将使它的温度继续升高。

↑花朵展开花瓣的过程与双极腔的演化过程相似。原恒星风侵蚀腔壁，逐渐地，星云展开，双极特性失去，最终只剩下吸积盘。

尽管原恒星中没有核反应过程，它仍然由于物质撞击其表面而释放能量。能量以辐射的形式发出，但很快被落向原恒星表面形成的尘埃壳所吸收。这一过程加热了尘埃，它们将能量以红外波长的形式重新辐射。最早的年轻红外恒星发现于猎户座恒星形成区域，

在 1967 年被美国加州理工学院的埃里克·贝克林和格里·诺伊格鲍尔发现，这种恒星也就被称为贝克林－诺伊格鲍尔天体。而最年轻的原恒星是位于蛇夫星座的 VLA1623，是以发现它的超大阵列望远镜命名的。它被认为不到 1 万岁。

↑非常年轻的恒星通常被发现于双极星云中心，它们在年轻恒星发出的亚原子粒子和辐射在星际介质中雕出形状时产生。

（1）崩塌区域中心物质的密度通过吸积形成。物质落向中心原恒星产生的冲击加热了天体并释放出能量。能量也通过氢的同位素——氘在比普通氢聚变更低温度下发生的核聚变产生。氘的燃烧可能有助于雕出双极空腔的原恒星风的产生。

（2）双极星云开始呈现出特征化外形，并在原恒星周围形成吸积盘。尘埃的这一聚集就像是阻止辐射和亚原子粒子沿年轻恒星天体赤道平面逃逸的屏障。在极区，物质的密度很小；辐射从这里逃逸。

（3）星云现在成熟了并且易于观测。从原恒星逃出的光子穿过空腔，当它们与腔壁相撞时，向所有方向散射，其中的一些向地球方向投射。通过对光线极化的研究，天文学家推演出关于中心恒星的许多信息。

↑哈勃空间望远镜照下了这
座恒星诞生区域的高解析度
它释放出氢、离子氧和硫
分别显示为绿色、蓝色
图的上部中心有一条
出的物质喷流。这些
一个将形成反射星
看见一条喷
条喷向
埃

④

⑤

2 太阳

地球和其他七颗行星环绕着一颗恒星——太阳旋转。太阳是一颗普通的恒星，但与夜空的恒星很不相同，这是因为它离我们十分近——距地球 1.496 亿千米。太阳有着地球 100 倍以上的直径，以及将近 30 万倍地球的质量。

不同于岩状的地球，太阳由 73% 的氢和 25% 的氦构成，剩余的 2% 为更重的元素。太阳是一颗 I 族恒星，位于星系的旋臂中。

太阳是一颗典型的恒星，它发光的时间刚超过了 45 亿年，正处于“中年”时期，并且将再持续发光 45 亿年。它有一个内核（直径 40 万千米），在其内部发生着由氢转为氦的核聚变，并且伴随着大量的能量以热量、光和中微子的形式释放出来。与宇宙中的其他恒星相比，太阳的大小和亮度都不突出。

由于是气体组成的，太阳没有固体表面。地球上的观测者看到的太阳的可见表面实际上是存在使可见光波长电磁辐射发射出来的气体层。通过在其他波长上，如 X 射线、紫外线等观察太阳，使得我们能够看到位于可见表面（被称为光球层）之上和之下的太阳“表面”——这取决于观测到的波

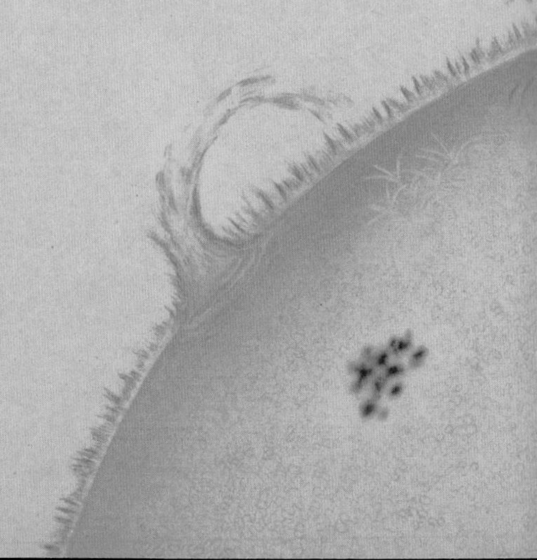

长。光球层低温上部和色球层下部气体区域中的原子和离子造成了太阳光谱中显示在太阳光线上的原子吸收暗线。这些区域构成了太阳大气层的最底层，其上部是更为稀薄的日冕。

光球层中有着很多有趣的特征，其中的大部分是由四种基本自然作用力之一的电磁力影响着的。光球层上的低温区域被称为太阳黑子，它们是在磁场线穿过光球层并且降低其周围气体的温度时产生的。其他由磁场造成的现象有耀斑和日珥。当磁场所含的能量突然被释放时，在太阳黑子之上就会产生耀斑。这使得亚原子粒子以较接近光速的速度被抛出，并且自发地释放出所有形式的电磁辐射。日珥发生在磁场将气体送到色球层中，再沿磁场线使其垂下时，有时间隔相对较长的时间发生一次，其他时候每分钟都会发生。

光球层本身就是动态的，巨大的对流气泡像在煮沸的牛奶中一样不断升起和落下，从而“表面”也随之持续波动。光球层的温度大约为6000K。

除了电磁辐射之外，太阳也一阵阵地释放出亚原子粒子，这就是所谓的太阳风。粒

→太阳的表面活动大多在地球上能够轻易看到。太阳黑子是光球层上的低温区域，在对比之下显得较暗。日珥是沿磁场线悬浮在光球层上的超热气体环。耀斑是恒星将大量能量和亚原子粒子释放到宇宙中的剧烈爆发现象。

子沿着磁场线被加速抛入宇宙中，如果这些粒子与行星的磁场相遇，它们将被捕获。当发生在进入地球磁场中的粒子上时就被称为极光。太阳风也造成彗星彗尾的产生。

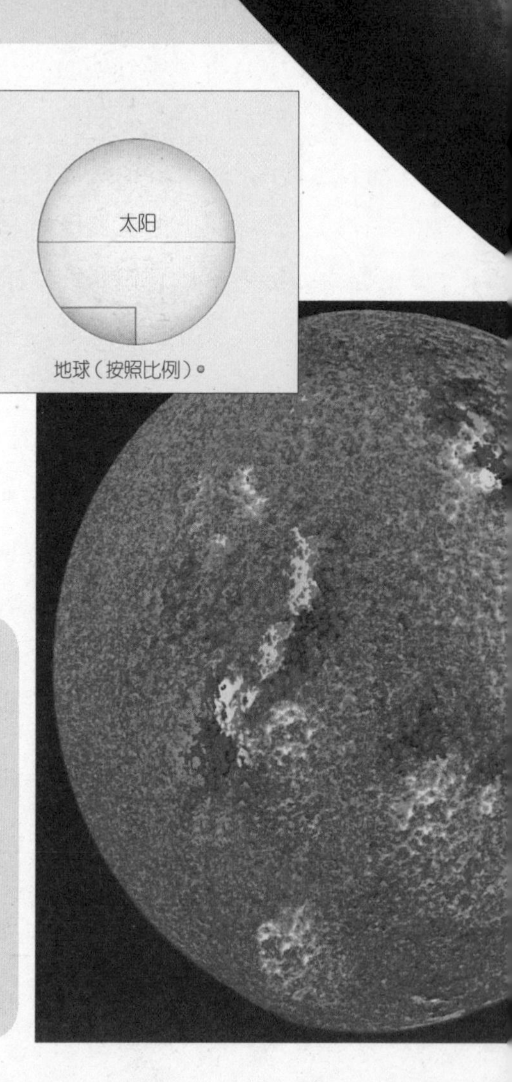

→太阳的直径接近地球直径的110倍，包含了太阳系中的大部分质量。这对应于图中较大闭合面积中（左下）的小扇形区域。太阳的可见边缘（或“表面”）被称为光球层，与中心相比温度较低——约6000K，中心温度为1500万K，外层大气（日冕）的温度为200万K。

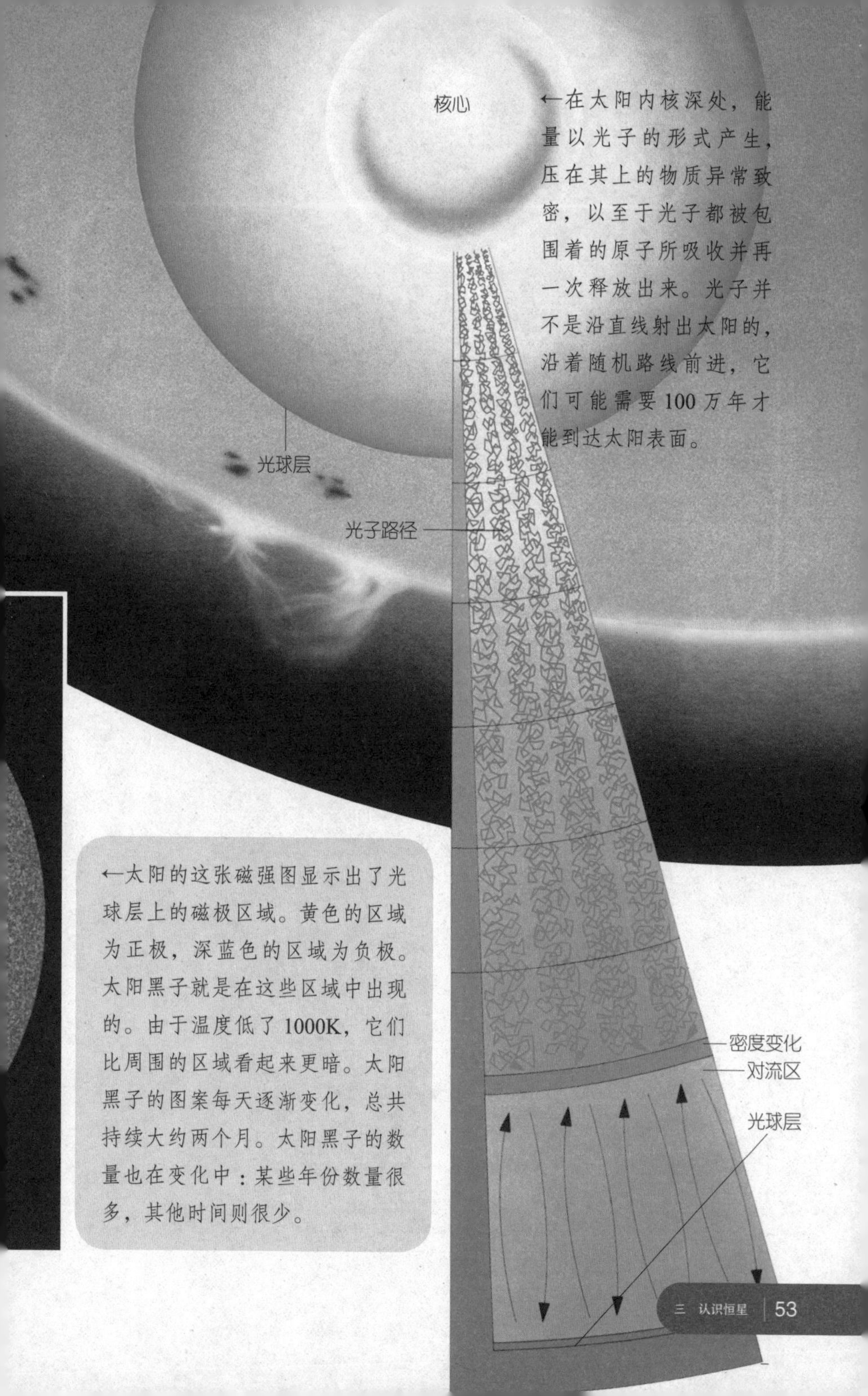

←在太阳内核深处，能量以光子的形式产生，压在其上的物质异常致密，以至于光子都被包围着的原子所吸收并再一次释放出来。光子并不是沿直线射出太阳的，沿着随机路线前进，它们可能需要100万年才能到达太阳表面。

←太阳的这张磁强图显示出了光球层上的磁极区域。黄色的区域为正极，深蓝色的区域为负极。太阳黑子就是在这些区域中出现的。由于温度低了1000K，它们比周围的区域看起来更暗。太阳黑子的图案每天逐渐变化，总共持续大约两个月。太阳黑子的数量也在变化中：某些年份数量很多，其他时间则很少。

3 超新星

超新星是恒星的爆炸，它以恒星铁核的崩塌开始。这一过程有时亮到即便在白天也能在地球上看到。超新星爆炸中发生的具体事件过程已经通过成熟的计算机模型分析过了。恒星核心开始崩塌是一个突发的过程，事实上，计算表明仅需要 80 毫秒就可以使直径 2000 千米的核心崩塌到 20 千米。这一初始崩塌是原中子星的开始。随着中子星的形成，电子与质子结合，释放出大量的中微子。这些粒子开始向这一死亡恒星外逃逸。

随着恒星持续崩塌，较轻物质开始从内核上落下，达到接近 1 万千米 / 秒的速度。随着这些物质冲击内核，释放出高能光子（X 射线和伽马射线），它们打破了部分铁原子核。该反应也增加了形成中的中子星周围物质的密度，并使中微子不再能逃逸出去。先前逃逸出去的中微子穿过恒星向外移动到宇宙中，这些逃逸的中微子被称为中微子脉冲，它们对天文学家而言是即将发生的可见超新星爆炸的提示。

当中子星到达最致密的大小时，它停止崩塌并且反弹。这一反应冲击了上层持续落向中子星的物质，并产生震波。当震波穿过恒星，

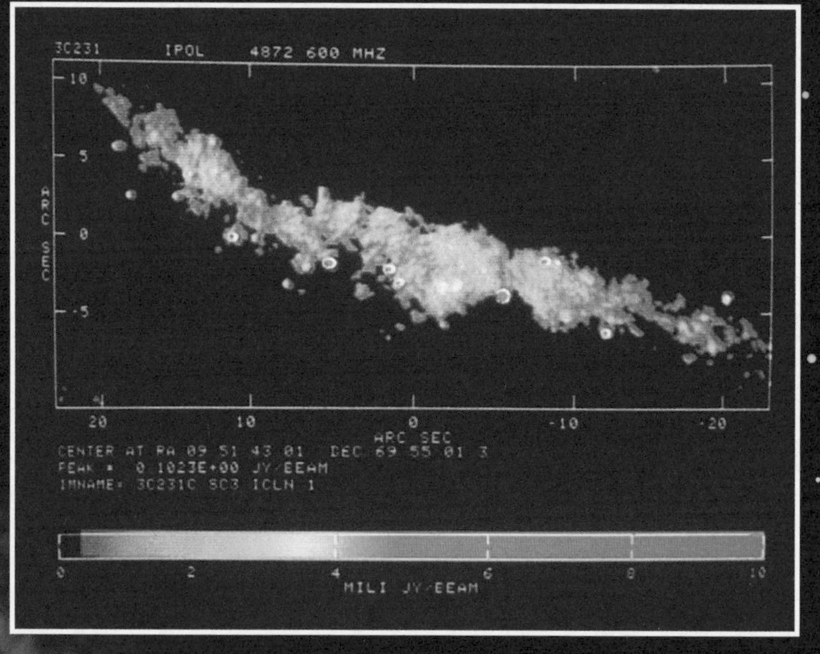

↑星系 M82 有着大量发出无线电波长的超新星，在这里以气泡的形式表示。通常在螺旋星系中每一个世纪只产生一次超新星爆炸，但在 M82 中，早期的异常高速的恒星形成，也就是所谓的星暴，导致目前超新星产生的频率加快。

←在 1987 年 2 月，天文学家看到了望远镜发明以后观测到的最近的一次超新星。超新星 1987a 在银河系的一个卫星星系——大麦哲伦星云中爆炸。一个膨胀的沙漏形气泡很可能制造出两个围绕超新星的巨大圆环。

它分开了原子核，释放能量，以继续进一步的核聚变过程。被困住的中微子奋力向内核外运动，为震波提供了额外的能量。在内核崩塌大约 1 秒后，震波积攒了足够的能量，以爆炸性的膨胀穿过恒星。震波穿

↑可见的超新星爆炸以恒星的内核崩塌释放的中微子脉冲为先导。意大利的 GALLEX 等实验设备能够探测到这一脉冲。这一设备被埋在岩石表层下 1400 米处起防护作用，以阻止其他不能够穿过这样深度的无用粒子。

←蟹状星云是一颗在1054年爆炸的恒星的遗迹。这一爆炸被当时的中国和日本天文学家所记录。研究表明在周围的云层中有着大量的氦，这是在恒星爆炸前产生的。

过整个恒星需要将近30分钟，在它到达表面时，外部的宇宙就看到了恒星的爆炸。在剩下的活跃核熔炉中，比铁重的所有元素都能够产生出来，包括放射性元素。

超新星对天文学家的价值在于它们提供了测量宇宙间距离的理想工具。光在向外传播的过程中受到平方反比定律的限制，这意味着如果你将光的距离变为原来的3倍，它的强度会下降为原来的1/9。如果知道开始的光亮度，光的亮度衰减量就能够被用于计算到达它所在位置的距离。

由于超新星都是在核心达到1.4倍太阳质量以后，由铁核的崩塌开始，崩塌和爆炸的过程都十分相似。所有的超新星爆炸都有几乎相同的能量输出，这意味着它们将达到几乎相同的亮度。因此，当超新星在一个遥远星系中爆炸时，它的观测亮度与理论亮度就能利用平方反比定律比较，到达该星系的距离就能计算出来。

超新星在典型的螺旋星系中基本每世纪发生一次。但对银河系中心的精确观测显示出了一个大质量恒星带，这些恒星都是立刻形成的。这意味着在大约1亿年后它们到达生命的最后阶段时，这些恒星将几乎在同一时间爆炸，产生名为星暴的天文现象。

4 中子星和脉冲星

当大质量恒星的内核无法承受由于引力下拉带来的压力时，恒星物质崩塌到一种名为简并物质的状态。简并物质是正常原子的排列由于外部物质的重量大到难以承受，在引力作用下被打破的物质。在重子简并物质中，电子——通常在环绕原子核的轨道上运行——被压入原子核，在那里与质子结合生成中子。因此，恒星的整个内核由被紧密压缩的中子组成。

在这样的情况下，中子仍然受到引力的牵引。但根据泡利不相容原理，尽管紧密堆积，没有两个同样的粒子能够拥有同样的量子态。换言之，两个中子不能在同一时间位于同一地点——这在物理状态上是不可能的。所以，正如之前电子所做的那样，中子产生了阻止进一步崩塌从而使它们更加接近的压力。

由中子构成的物质是极为致密的。由电子简并物质构成的白矮星的直径与地球相近，但它们有着比太阳更大的质量。中子星更加致密，它包含了超过太阳 1.5 倍的质量，并且被塞在直径仅为 10 千米—20 千米的球形区域中，这等于原子核的密度。

恒星通过简并压阻止引力崩塌的能力受到自身质量的限制。直到达到 1.4 倍太阳质量，恒星才能够依靠电子简并压支撑自身的质量，这被称为钱德拉塞卡极限。超过太阳质量的 1.4 倍时，物质崩塌，直至为重子简并压缩所中止，这直到 3—5 倍太阳质量的奥本海默－沃尔科夫极限都是有效的，这也是中子星质量的上限。

中子星是Ⅱ型超新星爆炸后遗留下的，它们是大质量恒星的崩塌内核。尽管它们的存在在20世纪30年代的理论中就已经被预测，但被认为由于体积小而无法被探测到。

之后，在20世纪60年代，一类后来被命名为脉冲星的高速脉动天体被发现。事实很快表明有着这种特性的天体只能是旋转的中子星。它们类似灯塔：尽管光线看起来忽明忽暗，但这是由旋转光源造成的假象。

同样的，脉冲星的辐射束扫过整个宇宙，当它通过我们的视线时，我们接收到了辐射脉冲。天文学家目前还不了解这些辐射是怎么产生的，以及它为什么被限制成这么窄的波束。

超新星爆炸后，留下中子星高速旋转。例如，蟹状星云——1054年的一颗超新星的遗迹——中心的脉冲星正以很快的速度旋转，因而每秒闪烁30次。

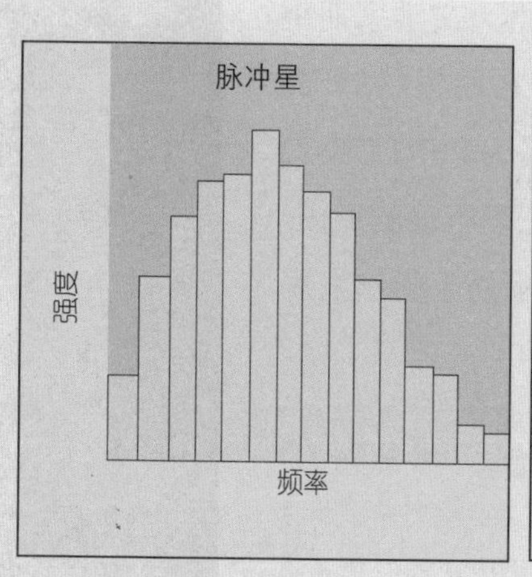

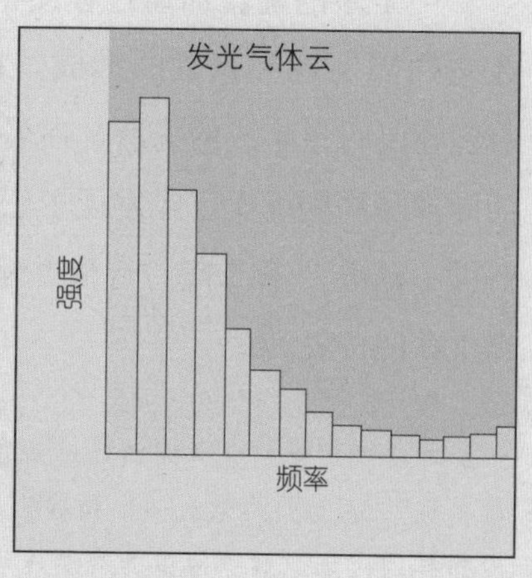

↑在已知的超过400颗的脉冲星中，只有少数的几颗被探测到发出了X射线。这两幅图表显示了脉冲星（左图）和发光气体云（右图）的X射线光谱间的区别。

→脉冲星被认为是由重子简并物质构成，直径小于 20 千米。脉冲星的磁轴并不与旋转轴重合。一种理论指出：带电粒子沿着磁场线被加速，从磁极处发射，发射在地球上被看作脉冲的辐射。而辐射也可能是由被束缚在赤道磁场区的带电粒子发出的。

最快的脉冲星被称为毫秒脉冲星，它们每秒旋转上百周，是由附近恒星的吸积盘“旋转加速”的老年脉冲星。这一旋转加速过程类似于双星系统中物质注入白矮星的过程。

由于简并物质的特性，中子星积累了越多的质量，它就收缩得越小；中子星越小，它也就旋转得越快，它的磁场也增强了 10 亿倍（与它减少的表面积成反比）。

中子星的旋转加速过程使得天文学家期望在它周围发现吸积盘的形成。在原恒星周围，吸积盘是行星生成的场所。在名为 PSR1257+12 的脉冲星周围确实已经发现了三颗行星的形成。然而，这些“第二代”行星并不处于能够发展出生命的位置。

→脉冲星的闪烁被认为是旋转造成的。这被称为“灯塔模型”，因为灯塔通过一个具有孔洞的旋转遮蔽物造成同样的闪烁。对脉冲星的观测表明脉冲是在很多不同波长上发射的。尽管脉冲曲线不同，所有的脉冲都在同一时间发生。不同脉冲的脉动速率可能不同：一些脉动较快，如邻近双星的脉冲，而另一些较慢。

① 内核
② 中子流
③ 固体壳
④ 旋转轴
⑤ 带电粒子
⑥ 磁场线
⑦ 脉冲星辐射

5 黑洞

崩塌恒星是由于内核中核聚变不再发生而崩塌的恒星。一些崩塌恒星变为白矮星和中子星，其他的成为黑洞。恒星的质量决定了它究竟是成为白矮星、中子星还是黑洞——这些黑洞都比在活动星系及其他星系中心发现的小很多。恒星黑洞是超过了惰性非能量产生物质的可预测极限，也就是 3.2 倍太阳质量的天体。

在这一极限——奥本海默 - 沃尔科夫限——之上，中子抵抗引力产生的重子简并压不再能够终止恒星由于引力的崩塌。恒星变得越小，它表面的引力也就越大。表面引力越大，逃逸所需的速度也就越大。随着崩塌恒星变得越来越小，逃逸速度不断上升，直到等于光速。当逃逸速度达到这一水平时，没有任何东西——即使是光——能从恒星上逃逸出来，它也就成了黑洞。恒星于是从可见宇宙中消失——尽管它造成的一些效应是可以被探测到的。

如果恒星质量很大，它需要较小的压缩就能够成为黑洞。恒星成为黑洞所必须压缩到的半径称为施瓦茨希尔德半径。它定义了名为视界的区域——黑洞的边缘，在这里的逃逸速度等于光速。没有人知道在视界的边界之内发生的一切。崩塌中的质量被认为继续收缩直到成为具有无限密度的一个小点，称为奇点。

黑洞周围的引力十分强大，甚至使得空间围绕它“弯曲”。天文学家相信黑洞正在旋转，使得它们周围邻近的时空连续体被拉伸。这一被拉伸了的空间区域称为动圈，它的

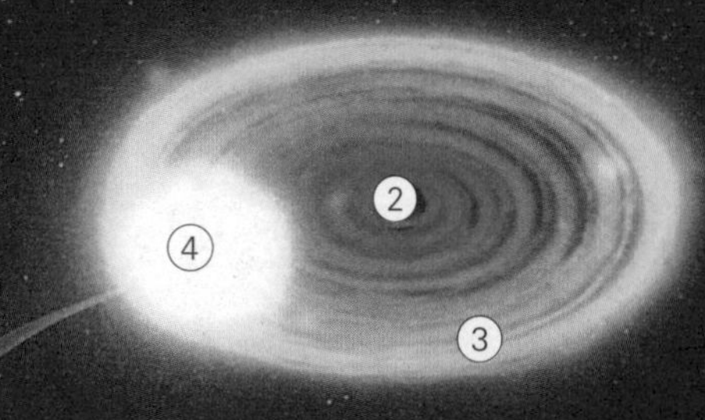

↑天鹅座 X–1 黑洞在一颗正被缓慢撕裂的蓝超巨星的轨道上运行。恒星的外层向黑洞移动，卷入吸积盘中，它具有极高的温度并且发射出 X 射线。这些都能够从地球上探测到。

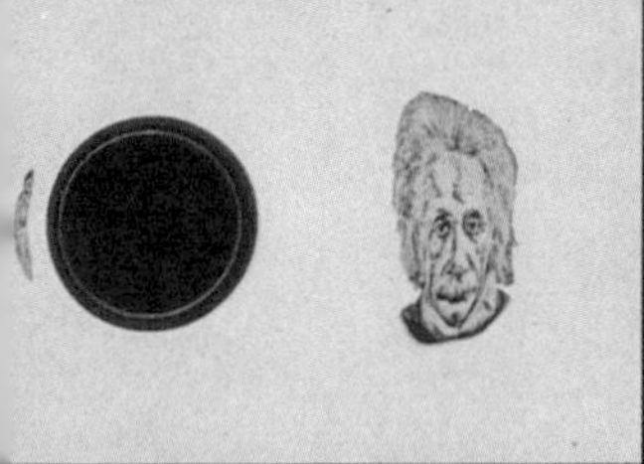

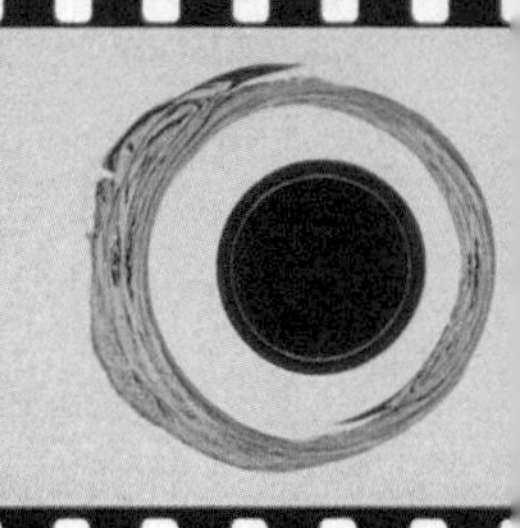

↑当黑洞位于物体和观测者之间时，它起到了类似引力透镜的作用。当模拟的黑洞与阿尔伯特·爱因斯坦的图片之间并没有对齐时（左上），图像的大部分是位于一侧的，另一个图像有着很小的弧度（中）。当完全对齐后，图像（右）构成了一个环，称为爱因斯坦环。

边缘以静止极限作为标志，它内部所有物质都不能保持静止，而是被黑洞绕着拖曳。穿过视界的物体永远无法找到，并且被认为消失在奇点中。因为没有任何东西能够逃出黑洞，发现黑洞就变得十分困难。与白矮星和中子星一样，黑洞能够存在于双星系统中。来自伴星的气体由于黑洞引力的影响而被剥离，并且向下注入黑洞中。因为恒星和黑洞相互环绕运行，物质在黑洞周围形成吸积盘，盘中的物质围绕黑洞高速旋转，使得分子间的摩擦加热气体，直到发出X射线。在这之后，分子失去能量并螺旋进入黑洞。表明黑洞存在的X射线能够在地球上探测到。

一个可能的黑洞是天鹅座X-1，它是天鹅座中围绕一颗具有太阳20—30倍质量蓝超巨星运行的X射线源。这一大质量恒星看起来被一个具有9—11倍太阳质量的可见伴星的引力所拉动，发射出的X射线被认为是来自伴星周围的吸积盘。具有数千倍太阳质量的超大质量黑洞被认为存在于活动星系和类星体的中心。

6 深空爆炸

20 世纪 60 年代晚期，美国发射了一架能够探测伽马射线的空间探测器。它并不是被设计用以天文观测的，而是用于禁止宇宙中核武器的引爆。这一卫星很快开始报告伽马射线暴的到来，它不是来自地球轨道（这样的话可能是一次核弹爆炸），而是来自深空。在 1969 年 7 月到 1972 年 7 月间，探测到了 16 次这种事件。更为敏感的空间探测器被发射以后，很快，探测到的伽马射线暴的数量激增至每天一次。这些伽马射线暴能从任何时候开始，持续数 10 毫秒直到 15 分钟左右。没有相同的两次爆发，这些伽马射线暴也都来自不同的方向。

在接近 30 年中，没人能够解释它们。证据表明伽马射线暴已经穿过了很大体积的宇宙，这是因为它们存在红移现象。但是如果通过计算修正可疑的红移，这些爆发将是宇宙中最剧烈的爆炸，在某些情况下释放出的能量比整个星系 1 年释放出的能量还多。这一结论使得一些天文学家怀疑它们是本地未经红移的爆发，因此也没有那么剧烈。一些天文学家被这些数据所困惑，他们（仅仅是半开玩笑的）提出可能这些爆发并不是自然现象，而是外星飞行物驱动引擎的排出物！

在 20 世纪 90 年代晚期，这个谜团开始被解开。意大利－荷兰联合卫星 BeppoSAX 能够迅速分辨爆发的方向并在数小时内将信息转发到地面。哈勃太空望远镜（HST）的控制器也能够将望远镜对准爆发的方向并拍摄长曝光时间照片。1997年2月28日，BeppoSAX探测到一次伽马射线爆发，HST也捕捉到了这次爆炸的昏暗的光学余晖，在余晖周围是更为昏暗的亮光——一个遥远的星系。

余晖自身可能位于星系的旋臂处，正是天文学家认为能够发现超新星的区域。

在21世纪的最早几年中，伽马射线暴与超新星之间的联系越发紧密。天文学家通过欧洲南方天文台的X射线卫星XMM-Newton观测伽马射线暴的余晖并尝试分析它的化学组成，发现了硅、硫、氩、镁和钙等元素，这些通常都与超新星有关。但是，伽马射线暴看起来喷出了比本宇宙中超新星更多的能量，科学家并不了解这两种现象究竟是如何联系到一起的。

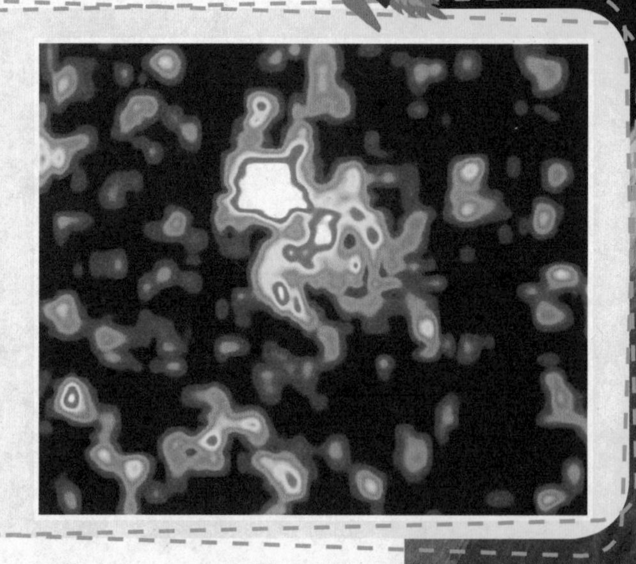

→1997年，哈勃太空望远镜在意大利-荷兰联合卫星BeppoSAX给出的快速定位信息的帮助下，捕捉到了伽马射线暴光学图像。这是类超新星爆炸第一次与伽马射线暴联系起来。

↑伽马射线暴的另一个来源可能是两颗中子星的合并。这些微小的恒星遗迹有时被观测到由于其曾经是双星系统，因而成对运行。如果它们持续螺旋靠近并且最终相撞，科学家们计算得出它们应释放出短期但是强烈的伽马射线脉冲。

←康普顿天文台卫星是NASA在20世纪90年代发射的环地球轨道任务卫星。它在进入地球大气层中并被烧毁之前，发回了许多关于伽马射线暴的信息。

↑银河星系中质量最大的恒星之一是手枪星，它是一颗巨星，有着100倍太阳的质量。手枪星周期性地从它的表面爆发出发光气体。可能宇宙早期的这些恒星作为超级超新星爆炸时产生了伽马射线暴。

这一困惑可能能被理论计算解决，在宇宙非常早期，恒星的原始组成几乎完全是氢和氦。这些早期恒星能够长到很大的体积，燃烧得更快也更热，并且比现在的恒星爆炸要更为猛烈。这些爆炸就是超级超新星。

按照这一理论，当超级超新星爆炸时，其核心产生一个黑洞。不是所有的周围恒星都被吹到宇宙中，其中的一些几乎立刻就被黑洞吞噬，而正是这些高速下降的气体产生了伽马射线暴。一些较短、较不猛烈的伽马射线暴可能是双中子星螺旋进彼此，这同样产生了一个黑洞。

四 太阳家族

1 行星及其轨道

1609 年，天文学家约翰尼斯·开普勒发现行星是以椭圆轨道绕太阳运行的，太阳位于行星椭圆轨道的其中一个焦点上。行星轨道离太阳最近的点被定义为近日点，离太阳最远的点则是远日点，近日点和远日点测量值的差异可以用离心率来表示，它是轨道椭圆率的衡量标准。绝大多数行星轨道都是近乎正圆的。离太阳最近的水星到太阳的距离约为 4590 万千米，而离太阳最远的海王星到太阳的距离达 44.95 亿千米。地球绕日公转的平均轨道半径为 1.496 亿千米，这一距离通常被天文学家用作衡量单位，即天文单位（AU）。

除水星以外，其他行星的轨道都处在同一平面上，造成这种情况的部分原因可能是太阳星云上太阳产生的引力影响的。因为太阳和行星共处一个轨道平面，每个都沿相同的路径即黄道相对恒星背景运动，这就形成了黄道的十二宫。而那些没有被横扫进大星体的物质则并不总是遵循这个模式，很多彗星的轨道平面和黄道平面也形成了很大的交角。

每颗行星的自转轴相对于黄道面的倾角都不一样。地球自转轴的倾角是 23.5°，而木星自转轴的倾角是 3.2°。最极端的是天王星，它几乎是“侧躺”着的，自转轴倾角达 97.86°。不同的倾角可能与远古碰撞有关，同时还最终影响到行星与太阳之间的距离。

金星自转的方向与众不

同，它和地球的自转方向刚好相反，这种现象被称为逆向自转。

行星自转轴的倾斜度是不固定的，倾斜度的长期变化会导致岁差现象或自转轴的摆动。例如，今天的火星自转轴与公转轨道平面的倾斜交角约是24°，但情况并非一直如此，火星的自转轴角度会发生轻微的变化，变化的周期大约是17.5万年。类似的摆动也在地球上发生。无论是自转轴的摆动还是公转轴的变化，都会导致行星气候模式的转变，地球冰河期就是这样产生的。

从地球上看，太阳每年都在天空中来回移动，在北半球的6月21号（夏至）这天到达最北点，12月21号（冬至）那天到达最南点。在北半球的夏天，北极朝着太阳倾斜，北纬地区饱受酷暑，南纬地区则经历严寒；而当北半球进入冬天时，南半球却正值夏日。在一年中，太阳会越过天球赤道两次，分别是在春分点（3月21日左右）和秋分点（9月21日左右）。当太阳位于这两点时，全球昼夜平分——由于地球轨道的近日点和远日点只差500万千米，所以地球处于轨道哪一点对夏至和冬至时间的影响不大。

3.1°

↓离心率是指行星轨道偏离正圆的程度。水星的离心率最大，为 0.2056；金星的离心率最小，为 0.0067。行星的自转轴可能与运行轨道平面近乎垂直，也可能呈现不同的倾角。

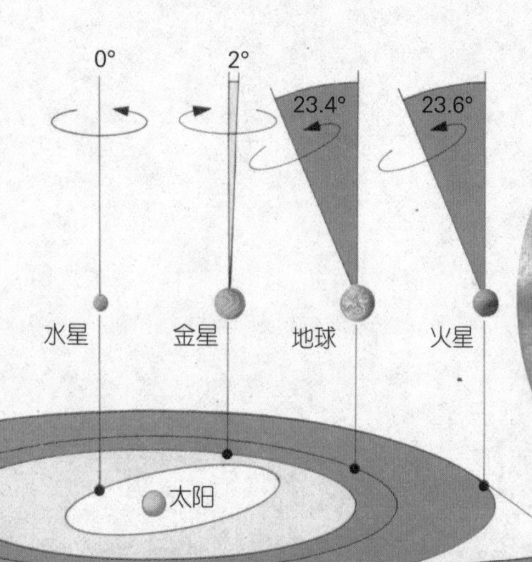

行星数据

行星	离太阳的平均距离（千米）	赤道直径（千米）	公转周期（天）	自转周期	质量（千克）
水星	57.91×10^6	4878	87.969	58.65 天	3.303×1023
金星	108.20×10^6	1201	224.701	243 天	4.87×1024
地球	149.60×10^6	12750	365.256	23.93 小时	5.97×1024
火星	227.94×10^6	6786	686.980	24.62 小时	6.42×1023
木星	778.33×10^6	142984	4332.71	9.8 小时	1.90×1027
土星	1426.98×10^6	120536	10759.50	10.6 小时	5.68×1026
天王星	2870.99×10^6	51118	30685	7.9 小时	8.684×1025
海王星	4497.07×10^6	49500	60190	19.2 小时	1.024×1026

典型彗星轨道

26.7°
97.9°
29.6°
天王星
海王星
土星
木星

2 地球和月球

尽管月球的直径只有地球直径的1/4多，但已经是一颗很大的卫星了。地球和月球有时被看作双行星系统，围绕着地球内部深处的某一点共同转动。月球对地球具有强大的引力，这使得地球上的海洋每天产生两次潮汐。

月球轨道距地球的平均距离为38.4392万千米，它的自转周期和绕地公转周期都是一个月，因此，月球总是以同一面对着地球，也就是说，在地球上永远看不到月球的另一面。月球的月相取决于地球、月球和太阳之间不同时期的角度变化。当地球的影子投射到月球上时，就会出现月食。

月球的平均密度要比地球的平均密度小很多。众所周知，地球的平均密度比较高是由于其核含有重物质，可以推测，月球不同于地球是因为它没有一个巨大的致密核。

月球的表面布满了陨石坑，这表示月面很古老。月球上陨石坑最多的地区叫作高地，反照率比较高，位于相对较暗的月海更高处。

高地的高反射率是由于它上面覆盖着浅色钙长石的缘故，浅色钙长石富含钙和铝，是月球古老月壳的主要组成部分。

高地的岩石样本显示，它们已有45亿年的历史——比地壳中所有已知岩石的年龄都要大。与类型相似的地球岩石不同，所有月岩中都不含挥发性元素。

这些古老的岩石在很长一

↓该图为地质学家兼航天员杰克·施密特于 1972 年在月球高地地区探察的一块巨大漂石。图中看不到登月舱登陆的地点。被带回地球的月岩样本揭示了月球大部分的地质史，而太空船上的热流检测器也显示月球内部某些区域是炽热的。月球外泄的能量是地球的一半，它们是由月球深处的放射性同位素衰变产生的。

段时间内遭受着小行星体的强烈撞击，直到 40 亿年前撞击才逐渐停止。高地岩石有很多是陨击岩，它们是由被撞碎的月球外壳岩石或越过月球表面的喷出物形成的。

月海比较年轻，表面也较平坦，它是由火山玄武岩组成的。火山玄武岩来自月球内部，以熔岩的形式在月球表面流动，最后填充在诸如月海低地之类的大型撞击盆地中。这些岩石形成于 39 亿年前到 30 亿年前，这表明至少在那个时段，月球内部是异常灼热的。大多数月海低地都处于月球向着地球的这一面上，因此月球向着

↓月球每 27.3 天完成一次绕地球运行，然而由于在该周期内地球本身也在绕太阳公转，所以一次满月的周期需要 29.5 天。月球轨道与黄道的交角只有 5°，这意味着当地球的影子落在月球上时，会产生月食；或月球遮住太阳时，会产生日食，但这些现象并不会经常发生。

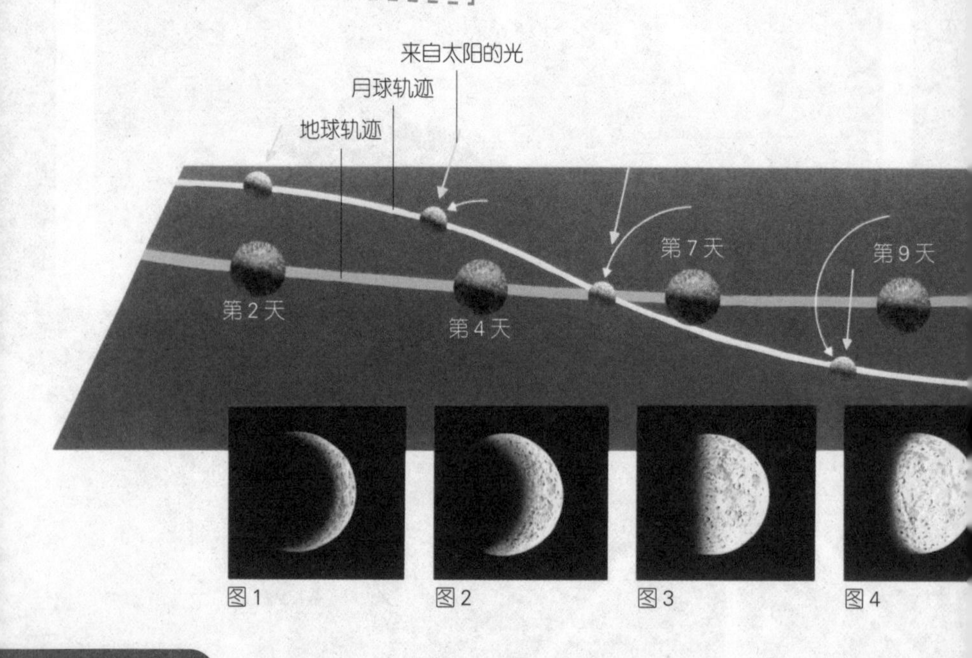

地球这面的外壳比背向地球那面的外壳要薄。

曾经有一段时间，“月球源于地球”的说法颇为流行，人们认为月球是从地球太平洋喷出去的。不过，现在该观点的影响力已经大大减弱。

现代科学研究认为，在地核形成后不久，曾有一个巨大的天体擦过地球。这次碰撞释放的能量将巨大物质云抛入了绕地球的轨道中，随后，这些物质逐渐收缩形成了月球。由于较致密的物质在到达轨道前就落回了地球，所以月球实际上是由密度相对较小的物质组成的。

↓当月球的明亮面背着地球时，就是新月。当明亮的那面慢慢转向地球时就出现了如图1月牙，逐渐转变为图2的样子，图3是当月球的明亮面有一半对着地球时的上弦月，图4是光亮部大于半圆时看到的月亮，图5是明亮面正对地球时的满月。接下来的顺序就刚好相反，经过图6光亮部大于半圆的月亮到图7的下弦月，然后再到图8的新月。

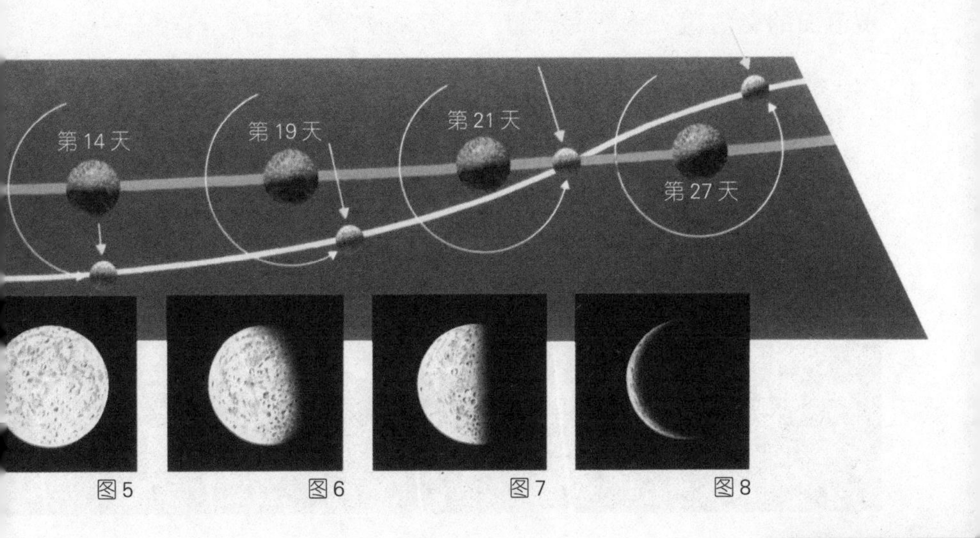

图5 图6 图7 图8

3 内行星

水星、金星、地球和火星是太阳的四颗内行星，也叫“类地行星”，形成于靠近原太阳的地方——那里星云的温度很高，只有致密的硅酸盐物质才能浓缩。因此，内行星的平均密度都很大，火星的平均密度为每立方厘米 3.3 克，而地球的平均密度为每立方厘米 5.5 克。这些行星都有一层外壳（表层）、硅酸盐岩石组成的幔层（内部固体层），以及富含铁的致密内核等部分。

水星轨道距太阳的平均距离为 5791 万千米，和其他行星的轨道相比，水星的轨道更接近于椭圆，并且其轨道平面和黄道面的交角达 7.2°，是行星中最倾斜的，但人类还不能完全解释该现象产生的原因。水星体积小、密度大，它巨大的核半径占了整个水星半径的 3/4。它有一个弱磁场，这意味着它内核中

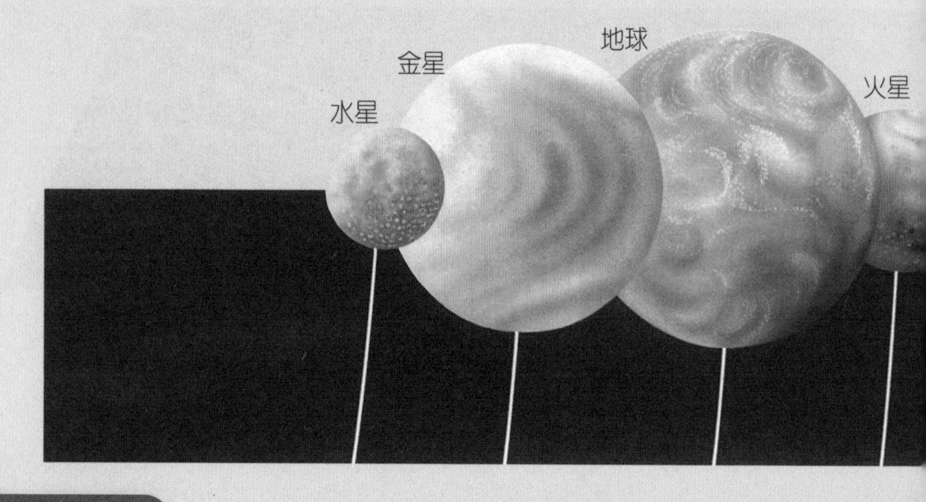

至少有一部分仍处于液态。

水星表面布满了撞击陨坑，并有一个特别大的盆地——卡洛里盆地，“水手10号”于1974年第一次清晰地拍摄到该盆地，盆地的直径为1300千米。陨坑之间是相对较平坦的平原，它们大概是火山活动形成的。水星最特别的特征是一道横穿表面的1000米高的压缩断层崖，这些断层说明该行星曾经历了2千米—4千米左右的收缩，这大概发生在40亿年前。

水星的相对密度为什么较大？为什么它有一个不寻常的超大内核？一般的解释是：在很久以前，水星曾与质量有它1/5的天体发生过碰撞，这次碰撞可能削去了水星绝大部分的幔，其中的一些碎裂物质被

↓水星是内行星中最小的一颗，直径为4878千米。金星就像地球的双胞胎兄弟，它的直径为1.2012万千米（地球的直径是1.275万千米）。火星也很小（直径为6787千米），而且它是石质行星中最外边的一颗，它的运行轨道与太阳的距离在2.067亿–2.491亿千米间变化。

↓火星水手谷中被命名为“堪德峡谷”部分的中心区域。图片左边可见的那层覆盖物可能是在一个巨大的冰川湖中形成的。尽管该峡谷是因沉淀和断层而形成的，但图片底部的扇形围壁却是陡坡碰撞的结果。

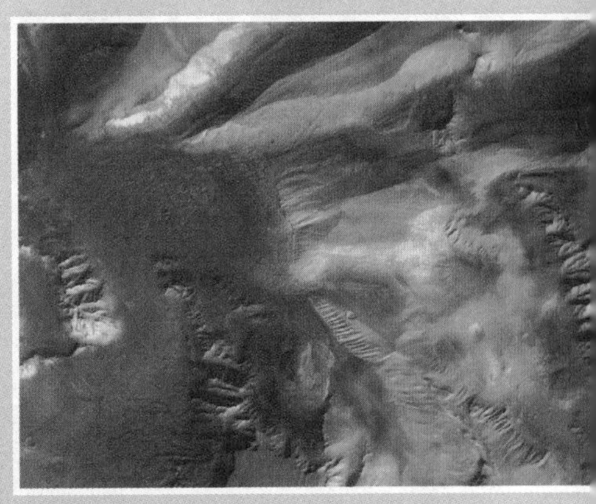

金星，甚至被地球吸积了。

金星的体积、质量和密度都与地球相当，但它拥有稠密的二氧化碳大气层，没有卫星，并且是缓慢逆向自转的，它自转一圈需要 243 个地球日。它的大气层锁住了热量，造成了严重的温室效应，因此它表面的温度已达到了 500℃。

“麦哲伦号”空间探测器拍摄的雷达影像图详细地揭示了金星的地表特征。金星表面布满了火山平原，在这些平原上有成百上千的叫作“冕”的环形结构和各种不同的火山、穹隆结构及撞击陨坑。金星表面陨坑的数量相对较少，这说明其表面相对比较年轻——

↑在这幅由“水手 10 号”拍摄编辑的水星表面拼图中，可以看到水星表面布满了陨石坑。就像月球一样，更年轻的撞击陨坑被喷出物的明亮射线所环绕。陨坑之间相对较平坦也比较暗的区域被认为有火山源。

↓这张照片是“麦哲伦号”探测器用雷达扫描绘制的，是金星火山地盾的 Sapas 高地。该地盾的直径达 400 千米，由熔岩流汇聚而成。有些位置的雷达反射信号比其他地区要强些，这是因为它们的表面更加粗糙。在中心地区有两个坚硬的岩石构成的类似平台的结构，它们周围的岩石已经被侵蚀了。

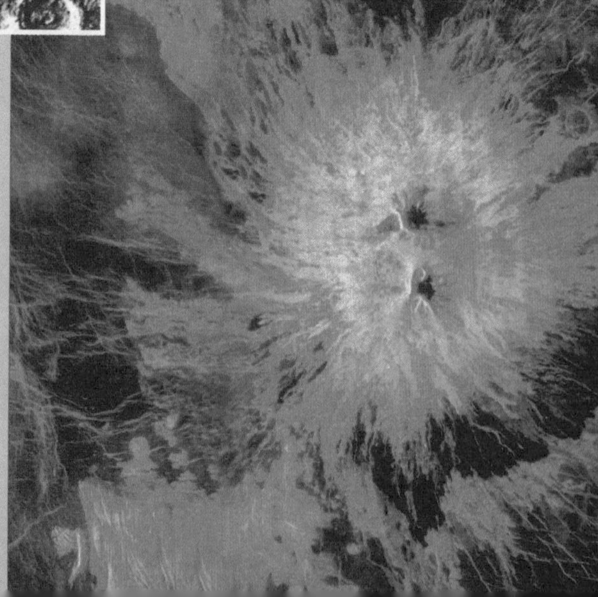

4.5 亿—5 亿年。

金星上也有结构较为复杂的高地区域，如在麦克斯韦尔高地的东边，杂乱地分布着沟壑区域——叫作“镶嵌区”，它们记录了金星外壳过去的运动情况。类似的活动则生成了大量长的线形脊带。

苏联“金星号”空间探测器于 20 世纪 70 年代登陆金星，拍摄下了金星粗糙的表面并分析其表面岩石的成分。结果表明，这些岩石绝大多数都是有黏性的玄武岩，很显然，火山曾在金星历史上扮演过重要的角色，因为玄武岩是由火山作用形成的。

火星轨道在地球轨道之外，离太阳的平均距离是 2.279 亿千米，只有地球的一半（火星直径为 6787 千米），密度也较小——每立方厘米 3.93 克。火星的表面温度很低，通常为 -140℃—-20℃。由于火星表面温度低，且气压也只有地球的 1/100，所以液态水不能在它的表面存在。火星薄大气层的主要成分是二氧化碳，加上部分水分的蒸发、极地的冰冻及冰帽的产生，导致火星随着季节的变化膨胀或收缩。相对赤道倾斜约 28° 的一条边界，火星北部表面由火山平原和盾状火山组成，主要集中在岩石圈的一个巨大的隆起的地方——萨锡斯高地。壮观的火星赤道峡谷体系——水手号谷，就是从该高地向东延伸开来的。

火星南纬度地区由于受到更多的撞击而有更多的陨坑，因此年龄比北纬平原地区大得多。巨大的峡谷网络和大量水渠在这里发展出来，说明了曾经的水流运动。初始的挥发性物质（通常以气态形式存在的元素和分子）还有可能以各种形态禁锢在表层的渗透性岩石中，这意味着火星的大气在其历史进程中可能发生过变化。

4 火星上有生命吗

长久以来，很多人都想知道地球以外是否存在生命，而火星就是一个令人产生这种假想的星球。20 世纪 70 年代，美国太空总署（NASA）发射了两枚空间探测器——“海盗 1 号”和“海盗 2 号”，由轨道飞行器和登陆器组成，它们的任务就是找寻火星上的生命。“海盗 1 号”和“海盗 2 号”于 1976 年分别着陆于火星上的乌托邦平原和克利斯平原。利用配备的蓄电池和一系列科学仪器，每个探测器进行了三个实验，以寻找火星微生物。然而，经过大范围的探测和数据测算，“海盗号”探测器最终没有发现任何生命体。

当然，这并不意味着火星完全是“死”的。“火星生命”可能存在于某个被覆盖着的环境中——也许是地下，或者是极地冰盖之下。

地球南极洲的环境与火星极地的环境没有太大区别，人类已经在南极洲发现了微生物的生存，因此更鼓舞了大家对火星上也许存在生命的猜想。例如，在南极洲有一种特别坚硬的单细胞生物，据估计它们只依靠 1 个水分子存活，并已经存在了 1 万年！

同时，今天火星上没有普遍的生命存在并不意味着几十亿年前的火星上生命未曾开始过。大量地质证据表明，火星的过去与现在有很大的不同，它可能比今天更温暖、潮湿。跟地球一样，火星肯定也接受了来自撞击彗星的有机分子，而且现在火星上的死火山曾经也可能很活跃。火星上生命的开始（如果有的话）应该和地球是同步的，即大约在38亿年前。

1984年，南极洲艾伦山地区发现的一块陨石引起了火星曾经有还是现在仍然有生命之间的争论。这块陨石叫作ALH84001，和SNC族陨星（以最早发现的三类陨石——无球粒陨石、透辉橄无球粒陨石和纯橄无球粒陨石的头一个字母命名）很相似，它被证实来自火星。ALH84001内部有许多化学物质，其中一些物质的存在证明该岩石曾经受热且被流水冲刷过，甚至还有生命存在的痕迹。同时，该陨石中还发现了与地球上细菌化石相似的管状结构。一些科学家认为这确实是过去的火星生命的化石证据，而另一些科学家则强烈反对该观点。

受“火星全球探测者号”拍摄的图片的鼓舞，火星有生命论者更加坚信自己的观点，

因为该图片显示了看似较新近的水沟痕迹。根据这些资料，火星地表以下的蓄水层中有大量水存在的可能性大大增加。

2003 年，欧洲空间局计划发射小型登陆器登陆火星，试图探寻能够证明生命曾经存在的化学物质。但火星是否真的曾经有过生命，抑或现在是否还存在着生命，最终还是需要人类亲自登陆火星去调查。

↓“贝格尔 2 号”登陆器是用于研究火星地质化学成分和寻找火星过去的生命证据的一个多国联合发射的载体。“贝格尔 2 号”于 2003 年开始它的火星调查。

↑陨石 ALH84001 对科学家而言是很有吸引力的，因为它里面含有化石化的细菌结构。尽管这些微生物化石大小只有地球上细菌的 1/10 不到，但有些科学家还是相信它们意味着几十亿年前火星上确实有生命存在过。

←“火星全球探测者号”于 2000 年发现了比较新的水沟痕迹。这些特征是未来研究的重点，因为它们表明液态水可能埋藏在火星地表附近。

5 遥远的伙伴

木星、土星、天王星和海王星统称为类木行星，因为其他几个星球在很多方面都和木星相似。然而，木星－土星系统和天王星－海王星系统之间存在很大的区别。

木星是太阳系最大的行星，其质量是地球质量的 318 倍，而它的平均密度（1.33 克每立方厘米）却只有地球平均密度的 1/4——和太阳差不多。这个巨大的星球主要由氢和氦组成，它们主要位于大气层的外层，有 1000 多千米厚，在该层下，气态氢就让位于液态氢，有 2 万多千米厚，压力很高，以至于氢有点金属化了。科学研究认为木星中央有一个质量约为地球质量 10—30 倍的致密岩石核。

尽管木星的体积很大，但它的自转周期是所有行星中最短的——仅为 9 小时 50 分钟，这使得它的赤道地区格外鼓。木星有很多亮与暗的平行云带，并存在半永久的大气特征，它表现为一个巨大的旋涡状天气系统，叫作大红斑。亮区是由温度较低、纬度较高的冰冻氨云组成的，而代表低纬度云团的暗带则是由各种氢化合物组成的。

土星的直径是地球直径的 9 倍，它的结构和成分与木星很相似。土星最大的特色是有一个壮观的环系统，直径达 27.3 万千米。该环系统是“旅行者号”太空飞船于 1979 年发现的，它由无数的小型岩石块和冰粒组成。这些颗粒差异很大，有的像尘埃那么小，有的则有房屋那么大。小卫星（也叫牧羊卫星）

在这个系统中运转，维持着组成成分之间的间隙。

天王星的直径是地球的4倍，它是人类用天文望远镜发现的第一颗行星。与土星和木星一样，它拥有氢含量丰富的大气，但它的大气中冰的比例更大——特别是冰冻水和冰冻氨。海王星和天王星类似，但体积和密度都更大一点。显著的云带和大暗斑是海王星蓝色球体上的特色。这两个星球的外层大气都富含甲烷，其内部很可能有一个厚厚的、被泥泞的冰物质包围着的致密石质-金属（性）核。

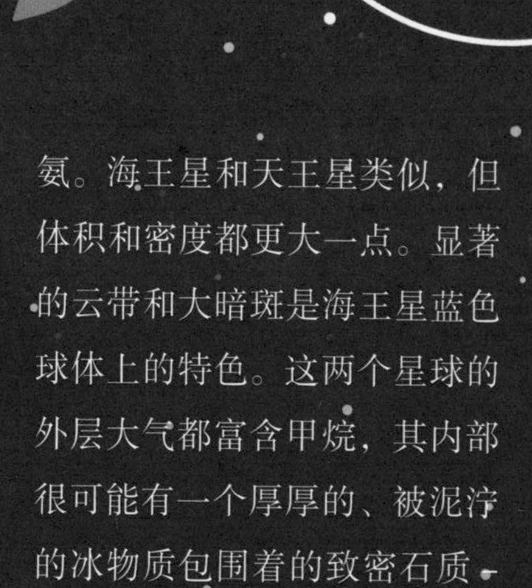

→天王星（图中显示为月牙状）是蓝绿色的，唯一可辨别的特征是昏暗的云带。天王星的一套环系统是1979年被发现的，它比土星的环系统薄，而且更暗。

巨行星的内核由难熔元素组成，形成的速度也许非常快，然后通过吸积形成气态包覆层。木星的质量之所以如此大很可能是因为它处于"雪线"附近，雪线是水和挥发性物质聚集和冷却的点——强烈的太阳活动清除了更靠近太阳的较轻元素的区域。

每颗巨行星都有很多卫

→木星是外行星中最里面的一颗，它是一个巨大的气态星球——就像它的邻居土星一样。木星的直径约为太阳直径的1/10，但它的质量却只有太阳的1/1000。接下来的一对行星是天王星和海王星，它们都是气体和冰结合的巨行星。

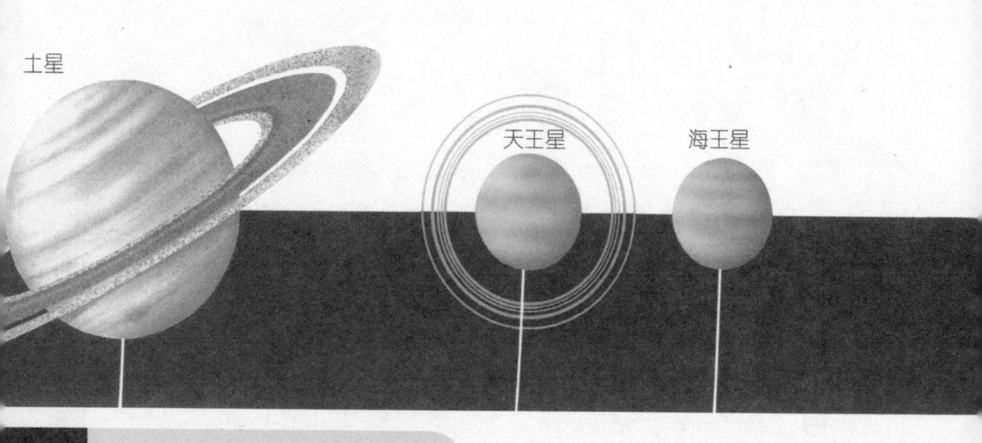

←土星的环是由包括水态冰在内的颗粒混合物组成的。环之间的间隙是由于它们之间，以及牧羊卫星间的引力共振作用造成的。

↓“旅行者2号”于1989年8月从距海王星不到5000千米的地方掠过。它拍摄到了一个表面上有暗斑的蓝色圆盘，同时上面还有甲烷冰冻物被强风吹出的条状白云。

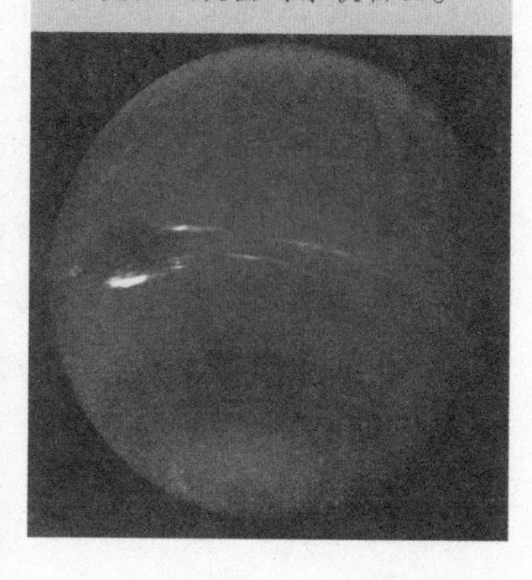

星：木星至少有29颗，土星有30颗，天王星有21颗，海王星则有8颗。海王星卫星中最大的一颗是海卫一，它是大卫星中唯一拥有逆向自转轨道的卫星；土星大卫星——土卫六则有厚的大气层。“旅行者号”宇宙飞船从很多这样的卫星附近掠过，揭示了木星的卫星——木卫一上活跃的硫黄-硅酸盐火山作用，其他一些卫星上的撞击陨坑和构造变形，以及海卫一上的巨大断层悬崖和低温火山作用。另外，“旅行者号”还揭示了围绕木星、天王星和海王星的环系统。

6 小行星

八大行星及太阳系中的无数小天体都围绕太阳运转。这些天体中的小行星形成了一个引人注目的群体，它们中的绝大多数都位于火星和木星之间，围绕着太阳运转，另外有一部分的轨道和地球轨道相交。科学家估计，直径超过 1000 米的小行星至少有 100 万颗。

小行星与通过吸积形成行星的星云物体在本质上很相似，但在某些小行星黏在一起形成更大的天体之前，它们受到太阳和其他行星的引力影响而被置于倾斜的长轨道上，所以它们最终没有能够成为大行星。

木星强大的引力肯定会抑制现存的小行星带中一颗主要行星的成长。它的引力影响会使一些物质飞向木星（发生碰撞形成陨坑），另一些物质则完全脱离太阳系。那些拥有和地球相交轨道的小颗粒就叫作流星。

通过望远镜，人们可以看到很多小行星的亮度发生变化，这在很大程度上是由于它们的不规则形状造成的，也有部分是由各侧面的反射率不一样造成的。小行星型是 C 型(或碳质类)，这些星体比煤还暗，主要位于小行星带的外围区域；位于小行星带中间区域的主要是 S 型星体，富含硅，其反照率处于中间水平；而 M 型金属（性）星体的反照率一般，M 型小行星很可能是更大的不同母体行星解体了的富含金属的内核。

流星体的数量甚至比小行

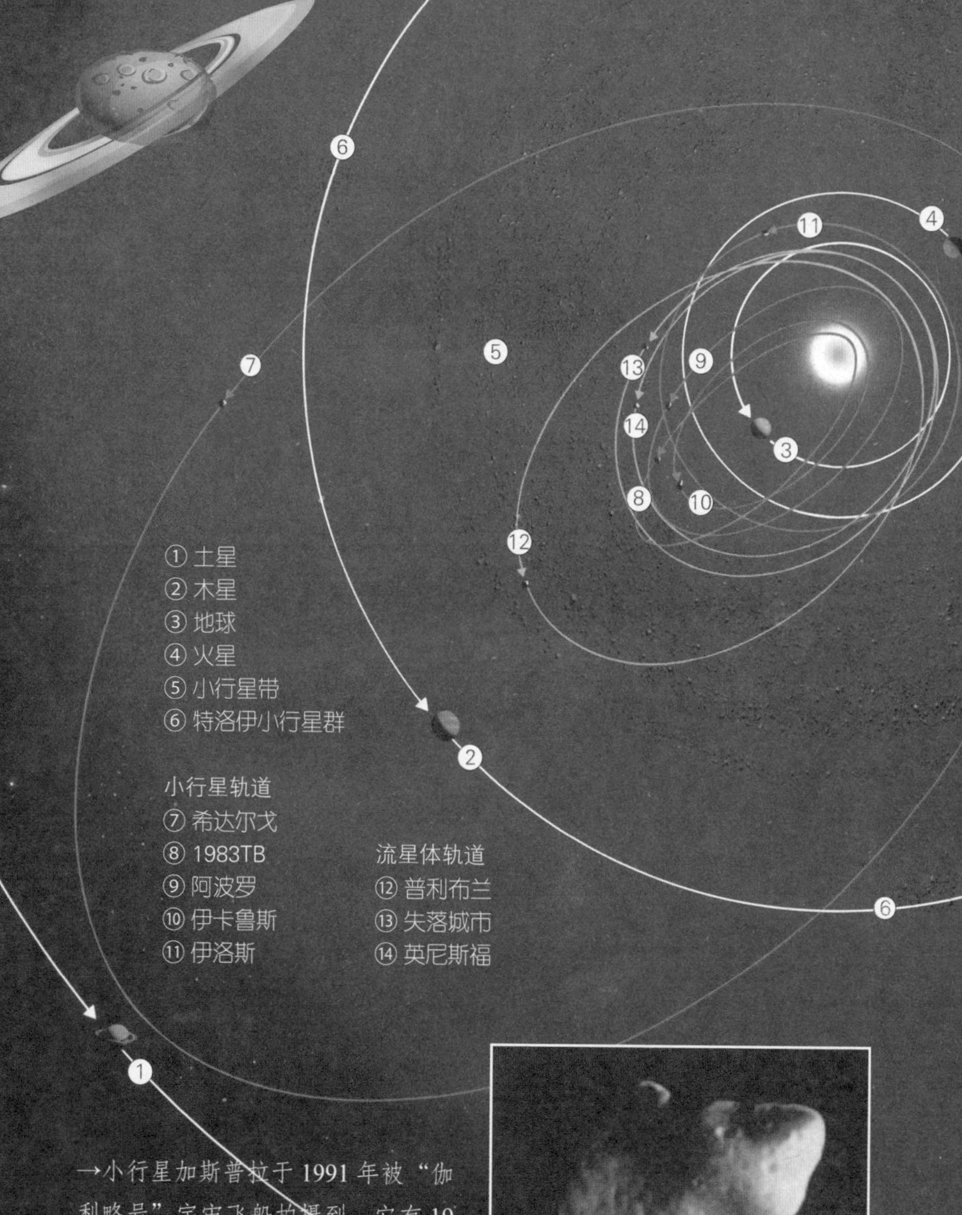

→小行星加斯普拉于1991年被“伽利略号”宇宙飞船拍摄到。它有19千米长，11千米宽，并在主小行星带的内部边缘绕太阳运转。它的岩石质表面布满了陨坑。

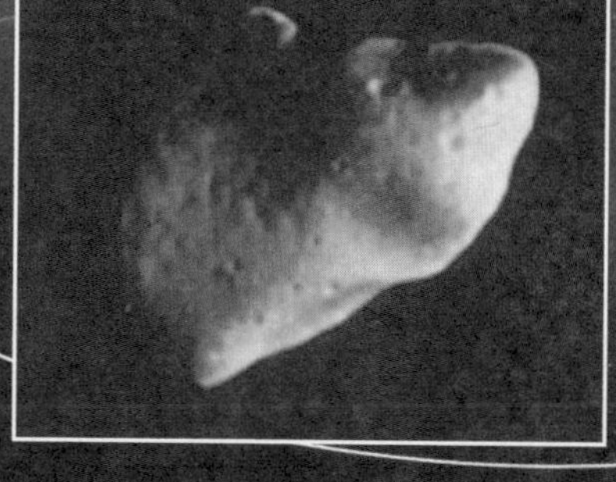

星还多，而且它们的化学成分也相似。当它们受到地球引力的影响而坠入地球大气层时，摩擦力的作用会使它们的温度升高，然后人们就能看到一个火球或流星。大多数这类星体会在大气层中解体，但有些大的碎片有可能坠落到地球表面成为陨星，给行星科学家提供了早期太阳系珍贵的地质化学资料。

按照传统，流星体被分为石质、铁质或石－铁混合质三类（区别于小行星群的分类法），但一种更有意义的分法是将其分为“差别”类和“无差别”类。“无差别”类中主要是球粒状陨石，它们包含和太阳大气成分相似的化学元素。“差别”类流星体经历了化学变化，并被认为是更原始的行星物质熔融与分离的产物。一些较年轻的星体，如SNC族陨星，和火星表面的物质很相似，也许它们就是在某次撞击中从火星表面脱落的。

球粒状陨石是由高温富铝物、挥发性物质和被叫作“陨星粒养体”的特殊球状颗粒组成的，“陨星粒养体”是原始熔岩熔融的产物。这些成分证实了在行星吸积时期，组成太阳星云的那些物质很好地混合在一起。

通过拍摄到的许多流星体的精确照片，能计算出它们的轨道。科学家发现，这些流星体的轨道与那些和地球轨道相交的小行星如阿波罗和伊卡鲁斯的轨道非常相似。据推测，这些流星体曾属于小行星主带，但在强大而不稳定的木星引力影响下，它们最终脱离小行星带变成了流星体。

7 彗星

彗星是太阳系中最小同时是最古老的天体之一。彗星的起源和太阳系本身密切相关，因为它们似乎是由原始的太阳星云物质直接压缩而成的。尽管传统上认为它们的出现是厄运的预兆，但对彗星周期性出现的预言是早期天文学家的重大成就之一。如今，彗星的回归已被科学家看作收集太阳系早期历史信息的特殊机遇。

彗星的质量很小，这意味着它们在形成之后几乎没经历什么化学变化，它们因此被认为是吸积形成外行星的原始太阳星云物质的残余物。

彗星由冰和尘埃组成，被形象地称为“脏雪球”。它们早期可能受到了重力影响并产生摄动，最后被抛入一个由无数彗星组成的绕太阳系运转的巨大云团内。这个云团就是奥特星云，它位于太阳到最近一颗恒星距离的1/3处。其中一些彗星的运行周期很短，轨道呈高度椭圆状，这些轨道将它们引进太阳系内部，但其轨道平面不一定和行星轨道平面重合。

当一颗彗星接近太阳时，它的冰核会部分蒸发，产生漫射的明亮彗发或尘埃和气体云，并受太阳风作用产生长达几十亿千米、背离太阳的离子化气态粒子尾——彗尾，从地球上看到的彗尾很亮。被彗核“落下”的第二条较短的由尘埃粒子组成的尾巴也在太空中聚积。

1986年哈雷彗星回归太阳系时，科学家向该彗星中心区发送了5个航天探测器——

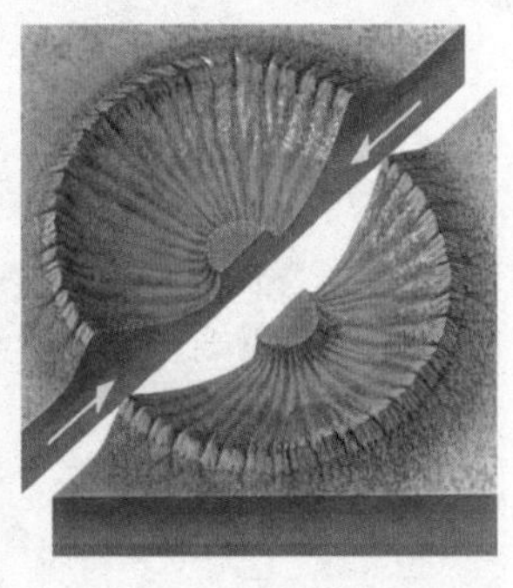

↑像彗星一般大小的天体撞上岩石质行星（如地球）的话，碰撞所产生的冲击力会在行星表面形成巨大的坑，并将表面岩石蒸发。外壳内产生的冲击波会迫使陨坑中心的岩石向上隆起。这样的效果在20千米宽的戈斯峭壁陨石坑中可以看到。戈斯峭壁陨石坑位于澳大利亚沙漠中，是1.3亿年前一颗彗星撞击的结果。

特别是“乔托号”，这使得我们掌握了哈雷彗星的大量信息：哈雷彗星的彗核呈不规则形状，长16千米，宽8千米，表面布满了坑，并且是翻动着的。哈雷彗星的表面非常暗，这也许是因为靠近太阳时，它内部的冰融化并在彗核表面形成厚厚的含碳物质残渣。据观测，有大量气体从彗核中喷射出来，有时候这些喷射物质甚至达到了每秒10吨。

借助分光镜进行的研究表明，彗核是由各种像氢、氮、碳和钠之类的挥发性物质分子组成的，它同时含有一氧化碳。当这样一颗彗星接近太阳时，镁、铁、镍、硅等元素也能被探测到——大概是在太阳照射升温过程中释放的尘埃微粒中。

彗核其实是由含碳物质和含水的硅化物组成的，混合在由冰冻甲烷、冰冻氨、冰冻二氧化碳及冰冻水组成的雪泥中。

五 宇宙的未来

1 开放、平坦还是闭合

宇宙中含有多少质量的问题与宇宙的最终命运有着直接的关联。宇宙正在膨胀的事实早已被人们知道，但它是否会停止膨胀？如果不是的话，是否会一直加速下去？这些问题的答案取决于宇宙中包含多大质量和能量，也就是它总共有多大的引力。从最大的尺度上来说，宇宙的曲率由它内部物质的平均密度决定——这也就是一定体积空间中的平均质量。

终止宇宙膨胀所需的平均密度（被称为临界密度）仅为每立方米几个氢原子。宇宙平均密度与临界密度的比值为 Ω，第一种，Ω 小于 1 的宇宙将永远存在并且膨胀下去，被称为“开放宇宙”，它的时空连续体有着天文学家称为的负曲率；第二种，膨胀能够在引力的作用下终止的宇宙为“闭合宇宙”，它的时空连续体有着正曲率；第三种“平坦宇宙”，发生在物质恰好足以终止膨胀，但只能在无限长的时间以后达到这一状态。目前的估计指出宇宙的平均密度远小于临界密度，但也存在着大量的暗能量。这使得宇宙的膨胀加速，由此宇宙将永远存在。

尽管天文学家有着计算恒星乃至星系中物质的量的可靠方法，但要计算整个宇宙中所有物质的重量并不那么容易。天文学家转而关注于我们看到的遥远星系在宇宙上的曲率效应。如果空间在引力下是正曲率的，我们认为平行线将会最终相交，因此我们看到遥远的星系的密度将下降。事实上对于深空的研究（如下图所示）说明星系的分布或多或少是调和的，这表明空间有着平均的几何结构。对非常遥远的星系密度的研究同样支持了这一结论：如果宇宙是闭合的，我们可以认为遥远星系的密度下降。

↑在平坦宇宙中，平行线将永远平行，物质，如宇宙中的星系的平均分布将呈现在我们面前，就如它的本来面目。这一假设状态通过爱因斯坦的图像得到了证明：在平坦的几何结构下，不发生任何扭曲。这一几何状态被直到现在为止对于深空的研究结果所证实。现在，天文学家相信：宇宙的膨胀并不再减速，而是在加速中。

↓在开放宇宙的情形下，空间有着双曲面的形状，像马鞍一样。在这样的几何结构下，平行线最终背离。如果这种形状下图像被投影到平坦表面上，我们就能够看到与球面上相反的扭曲：图像的中心被拉伸，外围被压缩。这意味着遥远星系看起来将比邻近星系更致密。

↑闭合宇宙的几何形状如这里的半球和变形的阿尔伯特·爱因斯坦的图片所示（他本人并不相信宇宙是处于膨胀中的）。在球面上，平行线相交。如果爱因斯坦的标准图像被投影到球面上，再重新绘制到平面上（就如我们在球面上看到的那样），脸部的四周将被拉伸，而中心被压缩。这支持了关于闭合宇宙中遥远星系将比邻近星系看起来密度更低的见解。

2 加速中的宇宙

之前，天文学家都相信宇宙是处在一个减速膨胀的状态中。唯一的问题是这一减速是否会终止宇宙的膨胀。但在1997年，两组天文学家一系列的独立观测结果完全改变了这种看法。

这些天文学家当时正在研究遥远宇宙中的超新星爆炸。这些天体爆发的短期能量闪光有着10亿倍于太阳的亮度，并因此成为天文学家在最大尺度上研究宇宙的信标。这是因为当超新星的光穿越空间时，受到了宇宙膨胀带来的红移的影响。测量到的红移能够与理论预测的红移相比较。例如，期望中的宇宙的减速会与时空连续体在任意大尺度上的弯曲一样，将在超新星的光中留下明显的印记。通过这种方法，天文学家能够利用这些测量结果确定宇宙是开放的、平坦的，还是闭合的。1997年的数据与之前所期望的都不相符。

他们所观测的超新星是白矮星从红巨星伴星上累积物质并爆发的一类。基于对其他超新星的观测，天文学家能够确定这些爆炸的实际亮度。这一知识使他们能够与它呈现出的亮度相比较，并由此计算它的距离。在这之后他们就能够通过红移检验他们对距离的判定，因为天体在宇宙中越远，它发生的红移也就越大。

当两组天文学家都通过从多颗超新星上得到的数据计算时，他们发现超新星比期望的亮度要暗25%。这一现象只能通过宇宙在爆炸后加速膨胀来解释。这些超新星位于50亿光年之外，因此它们在50亿光年之前爆炸，而它们发出的光从那时起就在宇宙中传播，直到被发现。解释宇宙正在加速的唯一途径就是它包含有一种名为真空能的奇特能量：产生的物质只能导致吸引，因此只能使宇宙减速，但真空能有着相反的效应。宇宙学家在关于早期宇宙的理论中利用真空能这一概念来解释膨胀。爱因斯坦在他的广义相对论等式中引入了一个条件，允许真空能的存在，将其称为宇宙常数，但之后又被爱因斯坦所放弃，并称这是自己的“最大失误”。

↑差异：1997—1995年

对超新星爆炸的观测结果暗示了宇宙正在加速这一事实，使得对于宇宙常数的关注再次出现。但看起来在整个时间和整个宇宙中应用一个简单的常量来表示并不是解释所发生一切的最好方式。真空的能量看起来已经通过这一方式随时间发生了变化：开始膨胀后，宇宙处在减速膨胀的过程中，但在大约60亿或70亿年前，宇宙发生了改变，真空能成为导致宇宙加速的主要因素。天文学家称真空能的这一时间变量为“第五元素”。在天文学家真正确定宇宙的膨胀是否正在加速并理解加速是怎么产生的之前，在观测和理论上都还有着很多的工作要做。

↓哈勃太空望远镜在跟踪研究加速中的宇宙所需的遥远超新星上是有所帮助的。这里，相差两年拍摄的两幅图片中的差异揭示了一颗遥远超新星的存在。

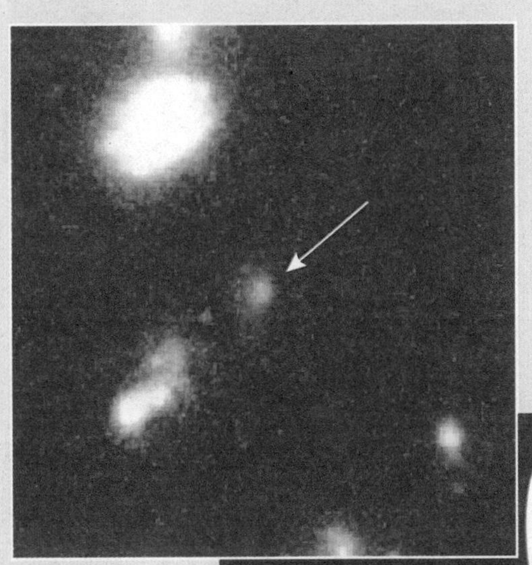

↓ NASA 利用他们的空间探测器——微波各向异性探测器（MAP）研究微波背景辐射，试图找到宇宙加速的新线索。2007 年，欧洲航天总署发射了一个名为普朗克的更为敏感的探测器。

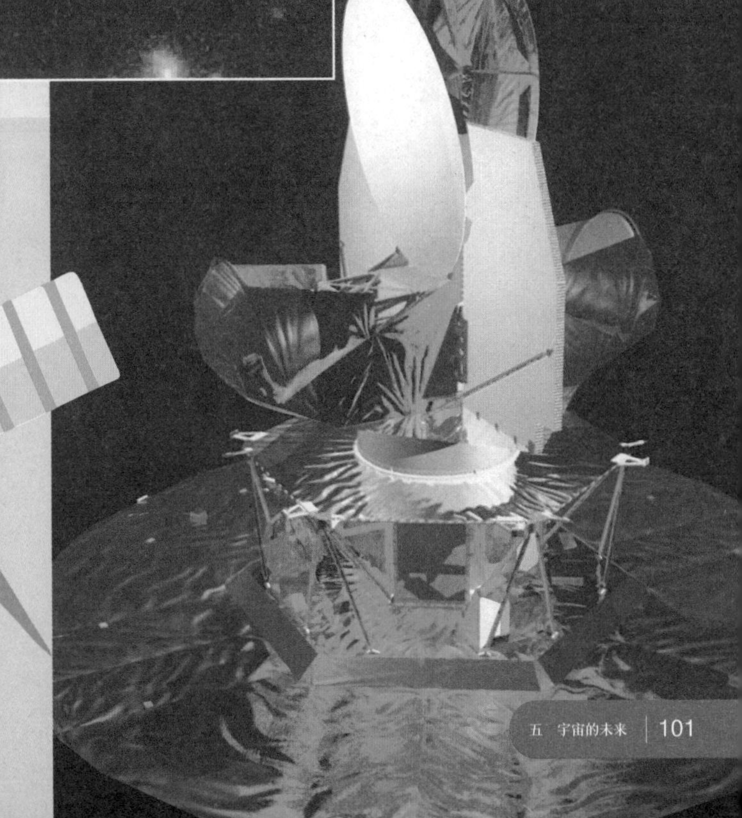

3 未来的归宿

如果宇宙是“平坦的”“开放的”或者是正在加速的，它将存在无限长的时间，但这并不意味着行星、恒星和星系也将永远存在。宇宙受到物理定律支配，这些定律之一——热力学第二定律指出：热从高温物体向低温物体流动。因此，当两个物体具有相同的温度时，热的流动停止；热也不可能从低温物体流向高温物体。宇宙中发生的每个化学过程都遵从这个指导性原则。因此，恒星和星系缓慢地将热流失到周围的宇宙中，然后死亡。

在这发生之前，星系中越来越多的恒星将会互相靠近，这将会导致其他恒星投向星系的中心区域时一颗恒星被抛出星系。星系中心的物质将变得越来越紧密，并且最终具有星系质量的黑洞将形成。相同的过程将在星系团中重复，因为一些星系将被抛出，而另一些星系将落向中心区域。于是宇宙中将充满具有与星系团相同质量的黑洞。

这些黑洞中所含的物质将被再处理，并通过霍金辐射过程返回宇宙，这是一对虚粒子恰好在黑洞的视界上产生的过程：其中一个粒子逃逸出去，而另一个落下，抵消黑洞的一部分质量，这看起来像是逃逸的粒子来自黑洞本身，而黑洞

逐渐“蒸发”到宇宙中。黑洞越小，它蒸发得也就越快，这一蒸发可以作为热量被测量到。随着粒子的逃逸和黑洞质量的减小，它的温度上升，上升的温度使得更多的粒子逃逸出来，进一步减少了质量并且提高了温度。最终，在最后几秒，黑洞在能量等同于百万吨级氢弹爆炸的剧烈爆发中释放出剩余的所有质量。通过这一过程——恒星融入黑洞然后再蒸发，在足够长的时间后，宇宙中的所有物质将达到热平衡。当这一状况发生时，将不再有恒星、行星或星系，只有着由亚原子粒子构成的稀薄“海洋”。所有的粒子将会有相同的温度，并且不会发生任何反应。如果化学反应不再在宇宙中发生，也就不再有判断时间流逝的参照，宇宙将死亡，这一概念称为热寂。

如果宇宙是“闭合的”，那么膨胀将最终减慢并停止，然后它将开始崩塌。星系团和单独的星系将合并到一起，宇宙微波背景辐射将增加它的温度，最终空间将变得异常灼热从而恒星蒸发。宇宙将回到与大爆炸期间十分相似的状态。但宇宙不再膨胀，而是开始收缩并向大坍缩的方向转变。

一些人提出大坍缩与大爆炸前的状态非常符合，从而宇宙将再生：但新生的宇宙可能与我们所在的很不相同，因为物理定律可能在宇宙膨胀的最初时刻整个被混在一起。

→开放宇宙不具有足够的物质以产生足以终止空间膨胀的引力，于是开放宇宙将永远膨胀下去。尽管膨胀将受到其包含的物质的引力的影响而减慢，但这一过程不可能停止甚至倒转。宇宙在内部的所有物体都达到相同的温度时将发生“热寂”，达到这一状态的时间量级大约为10^{12}年。在10^{30}年时，在所有的死亡星系残余都成为超星系黑洞后，质子开始衰变成为电子和正电子，所有的物质也都将发生相同的变化。

②

→宇宙中物质的量决定了时空连续体弯曲的方式，因而决定了宇宙的将来。很多观测指出，宇宙是“平坦的”。但是宇宙是完全平坦的情况几乎是不可能的，因此这些观测也就成了所谓的平坦度问题。

宇宙暴涨论为解释这一现象做出了尝试，提出在大爆炸以后的很短时间内，宇宙以指数倍的速率膨胀。因此，不论宇宙的真正曲率是怎么样的，在我们看来它始终是平坦的，这与地球看起来是平坦的而实际上是一个球体的情况一样。

①

↗“闭合的”宇宙是其内部包含的物质产生的引力足以终止宇宙的膨胀并将它重新拉到一起的宇宙。随着星系的相互靠近，宇宙温度再次上升，直到不可避免地变成一个火球——大坍缩，这类似于但又不同于大爆炸的逆过程。有些可能的闭合宇宙能够存在很长时间，从而开放宇宙中的所有过程，如质子的衰变和热寂等都能在它整体崩塌回去之后仍然发生。

↑平坦宇宙是开放宇宙和闭合宇宙的分界线。在平坦宇宙中，宇宙的膨胀将在无限量的时间后停止，除非宇宙中充满了暗能量，在这一情况下，膨胀将永远加速下去。平坦宇宙将受制于质子的衰变和热寂，就和开放宇宙一样。

4 地外生命

人类常常会问自己：地球是不是宇宙中唯一产生了生命的地方？如果对巨分子云的观测发现那里有有机（含碳）分子存在，那么新形成的太阳系将会有生命形成所需的化学元素。生命在地球上是如何产生的仍然是未知的，但很多人认为它产生于海底的热液喷口周围。一旦我们知道了这些，我们将能够估计到底有多少能够拥有生命的星球。

为了产生类似于我们的生命体，行星必须有着与地球一样的物理特征，如温度、大气和阳光，这只能发生在位于环绕类似太阳的恒星轨道上的行星上。太阳是一个G型的恒星，但温度稍低的K型恒星在行星更靠近一点的情况下也可能足以产生生命。高温恒星，如A型和F型恒星在行星到恒星的

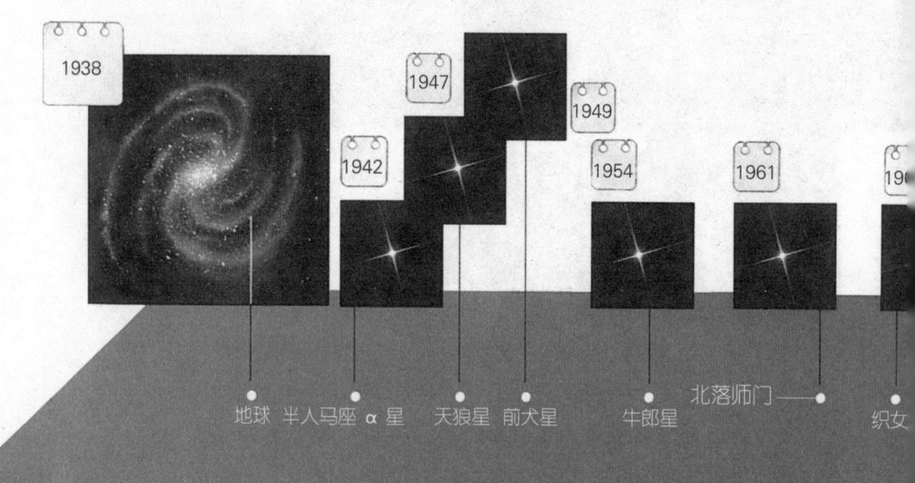

距离大于地球到太阳的距离的情况下，也可能成为孕育生命的家园。

从地球上探测任何一颗存在生命的行星都是十分困难的。地球每天向宇宙“泄露”出无线电广播，可能在其他行星上也存在相同的情况——天文学家在被称为“水洞”的微波波段监听着这些广播信号。在这个波段上，电磁波的星际吸收和大气层对它的吸收都最小。“水洞”这一名称来自这一区域上的两条谱线，一条是氢（H）线，另一条是羧（OH）线。如果把它们放在一起，就有了两个氢和一个氧——H_2O，也就是水。基于此，这一微波

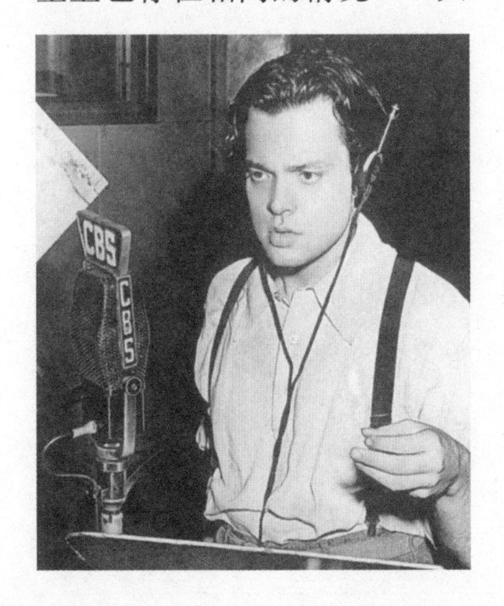

↓ 1938 年奥森·威尔斯广播了根据赫伯特·乔治·威尔斯的经典科幻小说《星际战争》改编的故事。故事以当时的美国为背景，它使得许多听众以为火星人的入侵确实正在发生。如果这一广播“泄露”到宇宙中，它将在图中指出的年份到达这些邻近的恒星。

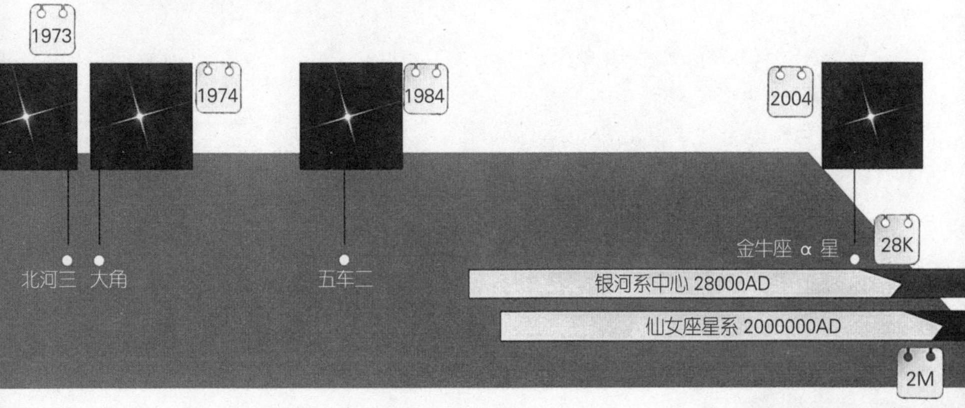

↓“阿雷西博信息”的内容被一群天文学家在 1974 年发布到外层空间中。接下来，二进制编码的内容包括了许多不同的信息，如二进制数字 1 到 40；氢、碳、氮、氧和磷（构成地球上生命的五种主要元素）的原子数；DNA 的化学分子式和其他信息；人类的图像；地球上的人口数；太阳系的图像等。

波段也就被称为水洞。

计算机用户可以下载一个名为 SETI@home 的屏幕保护，它将在计算机不作他用时搜寻信号数据。但是到目前为止，还没有发现一个看起来可能是从其他行星发来的有目的的或是偶然信号——尽管已经观测到一两个无法解释的信号。

地球上的天文学家在“泄露”无线电辐射之外也发出了一些有目的的广播。最早的广播对准了球状星团 M13，是天文学家通过波多黎各阿雷西博的 305 米射电望远镜盘在 1974 年发射的。然而，尽管信息以光速传播，它仍需要 2.4 万年才能到达 M13。如果这个信号被接受并且被回复，还将需要 2.4 万年才能到达我们这里。很多天文学家和工程师相信在这 4.8 万年中人类能够发展出使我们在行星间旅行并且发送个人讯息的方法。

→NASA 的“先驱者 10 号”和“11 号”探测器携带着这块碟片，因为它们已注定离开了太阳系。碟片上展示了人类在探测器旁的相对大小，上面的星图标注了地球及多个邻近脉冲星的一张地图。

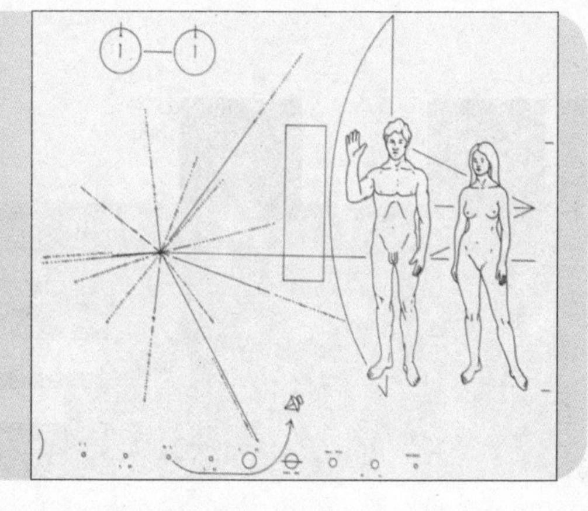

5 星际旅行

到达遥远恒星的能力将使天文学从一门观测科学转变成一门实验科学。但到达恒星所涉及的问题大多是异常困难的。科学家已经向太阳系中的八颗行星发射了探测器，并且在这一过程中发展出最高速的人造物体。如果与它们一样的探测器被发射向恒星，需要几千年才能到达。到达恒星的距离极远，以至于从离太阳最近的恒星（半人马座 α 星 A 和 B 及比邻星的三星系统）发出的光也需要 4.25 年才能到达地球。因为宇宙中没有任何东西的速度能够超过光速，所以即使是使用最先进的星际飞船，所需的旅行时间也是极漫长的。

因为这些原因，未来的航天员可能必须处于假死状态，他们身体的新陈代谢将被减慢从而变得失去知觉，计算机将监控他们并且维持他们的生命，并使他们的身体极缓慢地老化。在星际飞船的自动控制下，到达目的地可能将经过许多年。在到达后，航天员将被唤醒。这样的星际飞船称为睡眠船。

另一种可能的方式是航天员在飞船上正常生活，也就是所谓的跨世代星舰。随着原来的宇航员衰老和死亡，他们的后代将接过操纵星舰的任务。

适用于到达恒星的推进系统至今仍未建造成功。化学火箭——如用于宇宙飞船上的——不具有足够的提供星际旅行所需的推进力。一些科学家提议令核弹在星际飞船后部爆炸以推动飞船。另一种想法是使用强大的激光和巨型的聚

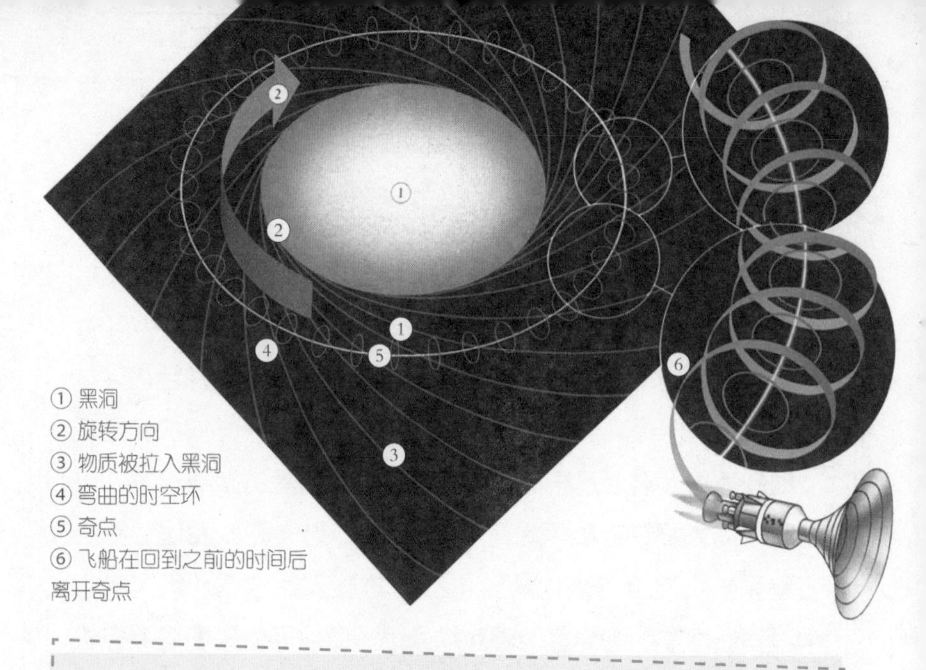

↑比星际旅行更为奇异的是穿越时间。按照一种理论，穿越时间可以在旋转中的黑洞附近完成。为了达到这一目标，时间旅行者将需要进入动圈。这是时空连续体受黑洞旋转而被绕圈拖动的区域。如果飞船能够在不穿过视界的前提下离开黑洞，一些物理学家认为它将出现在过去数年的一个时间点上，甚至可能是一个完全不同的宇宙中。

光镜，与帆船使用船帆聚集风力一样，星际飞船通过聚光镜收集光线中的光子，光子的辐射压推动星际飞船。最后，核聚变推动的火箭将指数倍地提高它们在宇宙中的运动速度——从光速的1/20000到光速的1/10。

此外，也有很多基于现代理论物理的奇思妙想。如果宇宙是由多维构成的，而人类只能感受到其中的三维或四维，可能在其他的维度上就存在着可以被发现的捷径。关于这类“虫洞”的数学计算正在进行中。如果虫洞存在并且能够连接，那么整个宇宙将可能都变为可达的。

存在高度争议的关于穿越时间的可能性同样正在研究中。一些天体物理学家相信黑洞周围弯曲的时间连续体是一个潜在的时间旅行机，但开发它的可行性（并不考虑危险性），排除了它被人类所利用的可能。

↑这张效果图展示了环绕地球轨道的巨型星际飞船的建造过程——它可能过于巨大以至于难以在地球上建造。材料和劳力将通过类似宇宙飞船的航天器上下运送。国际筹资的空间站计划被证实难以带来成果，获利更为长远的星际飞船的建造将更难以实现。

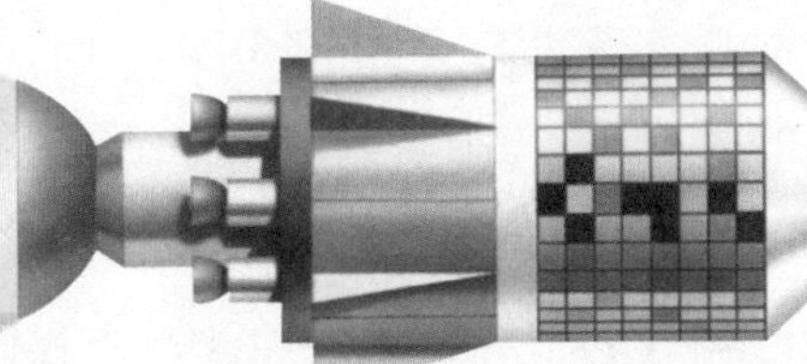

↑携带足够的燃料是星际旅行中的一个难题，光子帆在某种程度上解决了这一难题，而星际冲压发动机则通过另一种途径也克服了这一障碍。宇宙的75%是氢，它们能够发生核聚变，所以为什么不沿路收集氢呢？传统的火箭为星际冲压发动机加速，而“漏斗”收集氢，氢在飞船尾部熔合。

6 人类和宇宙

尽管天文学家在了解发生在宇宙中的某些过程上有着一定的成就，但了解得越多，就表明有越多的问题出现。这些问题是关于自然界本质的，科学并不能独立地给出答案。人类是不是宇宙中唯一的智慧生命？宇宙和人类是偶然形成的还是作为某些庞大设计的一部分？

现代天文学家常常被问到的一个问题是：宇宙有很多可能的存在方式，但为什么宇宙是现在这样的？在大爆炸的最初一点时间内，物理定律和宇宙常量处于变迁中，它们也只是在以后才固定为现在人们所熟悉的形态和数值。这些物理定律（如光速等常数）描述了宇宙是如何运行的。如果宇宙有着不同的电子电荷常数，恒星可能变得不能燃烧氢；如果在大爆炸的第 1 秒中，物质超出反物质的比例不同，可能就不再有物质。

即使这种常数上的差异也可能让宇宙出现，甚至允许各种生命的演化，生命存在的形式可能会有极大的不同。如果在量子尺度上支配相互作用的普朗克常数比目前的值大得多，甚至与人一样大的物体都能够表现出波粒二象性，并且能够像电子衍射穿过狭缝一样“衍射”穿过门缝。

哲学家可能会问：为什么宇宙如此适应我们这样形态的生命产生，这仅仅是偶然，还是宇宙为人类能够在其内部发展铺平了道路？这些问题在名为“人择宇宙原理”的具有高度争议的理论中被提到。它提出宇宙之所以存在是因为如果宇宙不存在，我们就不能够在这里观察它。它的一个变体理论将它更推进了一步：宇宙的存在是为了给人类提供生存的场所。有的人则认为宇宙可能并不是独一无二的，在大爆炸之前可能存在着更早的宇宙，甚至我们所知的物理定律也是之前的多次循环的演化过程的一个结果。

随着时间的流逝，宇宙演化出越来越复杂的结构。最简单的一层是基本粒子或夸克——在大爆炸后最早产生的事物。最为复杂的就是智慧生命，以及它们的概念性架构（可能包括了科学本身，以及艺术和文明）。这些复杂的事物离不开中间层面结构的出现，从简单的原子、星系和恒星、较重元素、分子、蛋白质、简单生命形式到更加系统的生命形式。因此，一些人认为智慧生

↑玛丽亚·居里（1867 — 1934 年）是亚原子物理学的先驱。

←伽利略·伽利莱是最早的经典物理学家之一。

命的产生也与原子和分子的产生一样自然。这可能就是智慧生命有目的地改造宇宙的形态以作为永久的居所的原因。通过这种方式，智慧生命能够给自己全部的时间用以探索和理解。即便我们的文明衰落，未来的文明将会找到足够的时间探索和理解这种终极目标——如果它确实存在。

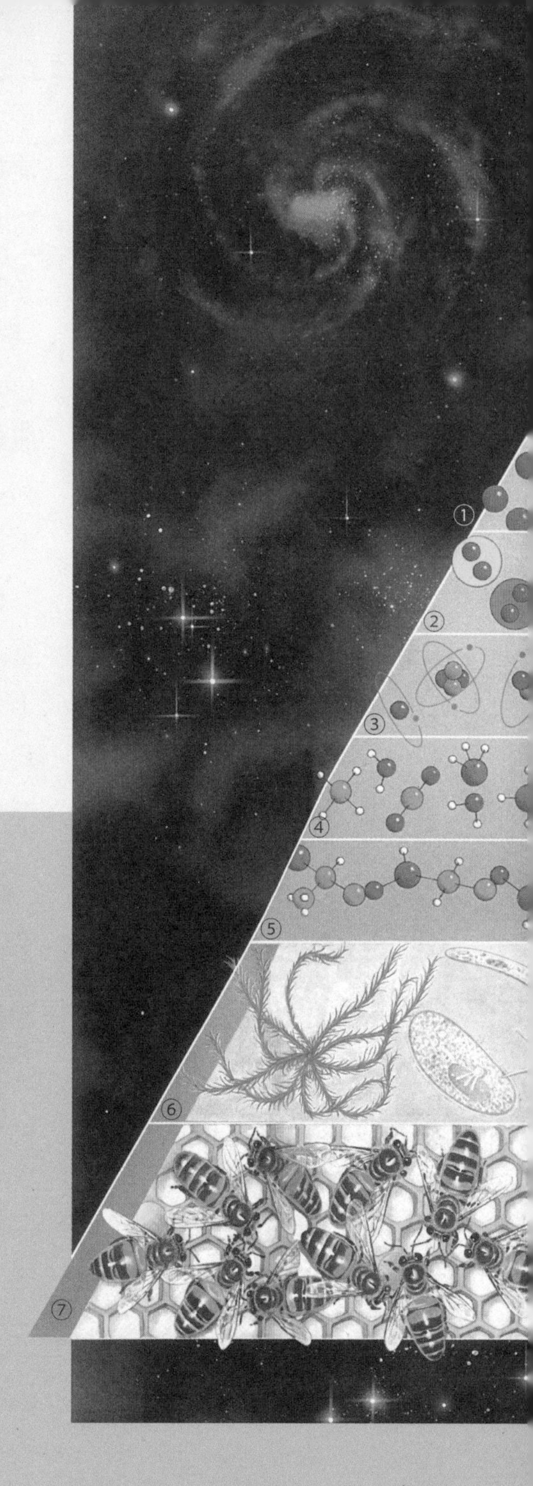

① 夸克
② 核子
③ 原子
④ 简单分子
⑤ 大分子
⑥ 简单生物
⑦ 社会化生物

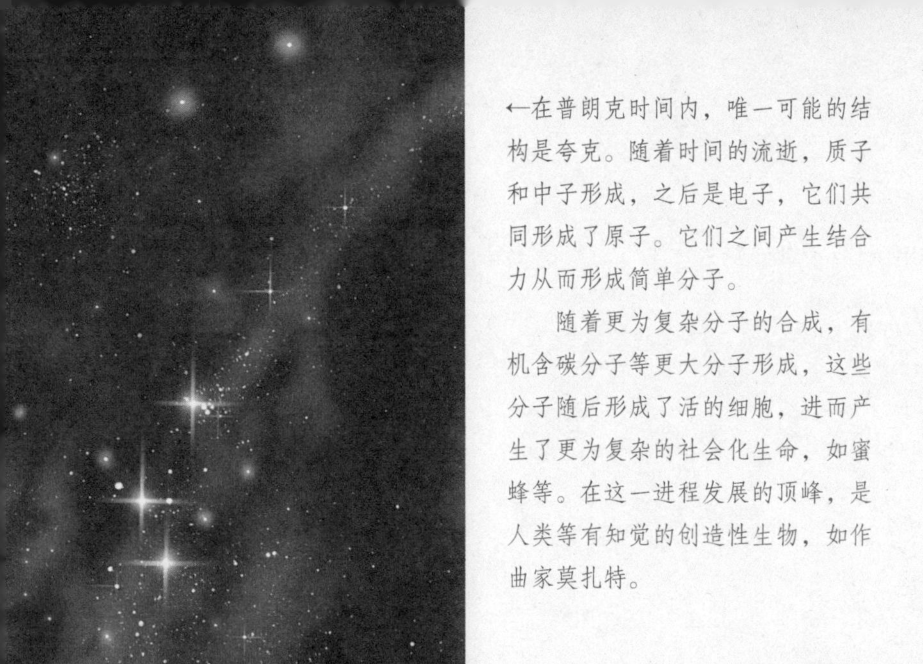

←在普朗克时间内，唯一可能的结构是夸克。随着时间的流逝，质子和中子形成，之后是电子，它们共同形成了原子。它们之间产生结合力从而形成简单分子。

随着更为复杂分子的合成，有机含碳分子等更大分子形成，这些分子随后形成了活的细胞，进而产生了更为复杂的社会化生命，如蜜蜂等。在这一进程发展的顶峰，是人类等有知觉的创造性生物，如作曲家莫扎特。

↙沃尔夫冈·阿玛迪乌斯·莫扎特是富有创造性的天才。